管理達人諸葛亮教你打造金飯碗

趙玉平 著

味道的感覺

代序

在「百家講壇」講諸葛亮，是我沒有想到的。因為一開始，是準備講《水滸》的。我一直覺得水滸的發揮空間比三國要大，自從二〇〇四年我寫完《梁山政治》一書後，一直在講《看水滸，說管理》的課程，對很多內容都是輕車熟路。

講諸葛亮屬於重打鑼鼓另開張。說實話，我對這麼短時間內做出高品質的東西並沒有太大的把握。

最難的是選角度。因為諸葛亮的故事婦孺皆知，而且又有很多專家高人從各種角度分析過。我如果只是簡單地講故事，或是重複別人已經講過的東西，那就是拾人牙慧，浪費觀眾和讀者的時間，毫無意義。所以我給自己的要求是必須要創新、求新，要推陳出新。

感謝「百家講壇」各位編導老師的信任，把這麼艱巨的任務交給我。

我從接到這個主題的那一天起，就給自己立了一個規矩，必須要給老材料選新的分析角度，跳出「就著故事講故事，對著人物講人物」的俗套。

幸好，我自己在學校是講管理學課程的，有一些案例準備，有一些社會心理學和組織行為學的理論底子。各位讀者可以看到，書中整個內容都採取了多角度和多元化敘述的方法，一邊說故事、說人物，一邊進行多角度分析。例如，從管理學的角度談「揮淚斬馬謖」，引出溫柔手段做冷酷事情的管理規律；從組織行為角度講「龐統上任」，引出分槽餵馬、放水養魚的行為策略；使用發展心理學和人格心理學的觀點，分析孔明童年父母雙亡的經歷對他的性格，以及他的領導風格形成的重大影響；用生活化的角度分析歷史事件，如在分析「三顧茅廬」的時候，結合當前的企業招聘行為，解釋「高調出場，低調說話」、「主觀上很願意，客觀上不容易」的策略等等。

其實，對諸葛亮一直存在負面評價。比如魏延冤案、李嚴冤案，比如有人認為六出祁山是窮兵黷武，有人指責他大權獨攬、一手遮天、用人失察、街亭慘敗等等。其實，一個凡人犯錯誤很正常，人非聖賢，孰能無過嘛。不過諸葛亮在老百姓心中不是凡人，他是神，是人們心目中的完美偶像，這種地位是無法撼動的。因此對於存在爭議的問題，我盡量真實客觀地敘述歷史，減少個人情感色彩，尊重大眾的審美情趣和接受心理；對待有爭議的問題盡量冷處理。

除此之外，把故事講好也是非常難的，一定要有人物，有細節，還要有到位的分析。我採用了場景還原的方法，每一講都還原一到兩個場景。有吸引力的故事，加上生動活潑的語言，再加上妙趣橫生的分析，才能組成一個真正完整的敘述。所以，講述如同一株植物，思想是「根」，故事是「幹」，語言是「花」。沒有思想是死水一潭，沒有故事是亂麻一團，沒有語言是死麵一塊！這叫做：無根不活，無幹不立，無花不美。

我特別想做一個有味道的東西給大家。

寫文章就如同烹調，同樣的食材，方法對了，味道就美妙，方法錯了，味道就不堪；而且即使是一樣的方法，不同的人做出來的也是不同的味道。味道味道，味亦有道，此事關乎修持，關乎文章，關乎人生，不可不認真。

我不是文章聖手，對於寫文章的事情，非常沒有把握。但是，關於吃，我還是挺有把握的。基本原則有五：

一是戒目食。所謂目食，就是品多量大，眼前擺得滿滿的，看得飽滿，吃得有限。其害一是浪費，二是亂神。口未食而害已生，此為食家大忌。吃東西如寫文章，務必簡潔清爽，按量奉上，主次分明，意未盡而箸已停。貪多過量、貪大求全是大忌。

二是以常養。家常菜最是養人。山珍海味、奇材妙品，皆非長久之計，不可多食，不可久食，久則生病。如同寫文章，不必說得玄妙高深，但凡能從眼前的事情出發，使用平常話語，講得妙趣橫生，那才是高境界。

三是留餘味。人之相交，難在適可而止。一夕歡宴，傾心交談，能及時收場留些餘味最為重要。食物也如此，珍饈美饌、妙味菜品，取用也需適可而止，留些想頭在心裡。寫文章也是如此，須得控制篇幅，控制語言，適可而止，留有餘味。

四是盡一品。不求品多量大，但求發揮食材本性，烹調得法，在一品之中證得味之正道。此理彷彿讀書，必盡心於一本，尋章摘句，細品慢嚼，有一醉一陶然的快樂。若十幾本幾十本，雜然陳設，每部必讀，每本必講，則難免顧此失彼，疲於應付，毫無趣味可言。

五是調濃淡。濃是情，淡是趣。濃味補消耗，淡味養日常。葷菜以濃為本，素饌以淡為本，葷素搭配，以素淡打底，濃香點綴，此為妙道。濃淡不調時，可以粥、湯、茶飲調之。寫文章講故事也是一樣，需要雅俗共賞，情趣搭配，有高雅，有通俗，有幽默熱情、熱血沸騰，也有理性冷靜、冷眼旁觀，再佐以百姓生活、身邊小事，間或嬉笑怒罵、歪打正著，這篇文章的滋味也就飽滿了。真正的味道是調和之美。

以上思路，我都一一運用到了《管理達人諸葛亮教你打造金飯碗》的準備當中，雖然有的地方用得比較生硬，但是在整體上自己還是滿意的。

朋友跟我說：「老趙，你整得有點過了，不怕有人說你賣弄文字，說你故弄玄虛嗎？」

這個，一開始還真擔心，而且還有其他好多各種各樣的擔心。面對全國的讀者和觀眾，怎麼能不心存敬畏呢？不過現在這些想法都已經放下了。那些曾經患得患失、前怕狼後怕虎，還有那些什麼熱血沸騰、什麼心馳神往、什麼按捺不住、什麼激動不已，都已經放下了。

我覺得，做事情有一顆平常心最重要，一定要把注意力集中在事情本身上，只要盡心盡力不留懊悔就好。至於有多少名，多少利，多少人理解，多少人不理解，有誰喜歡，誰不喜歡，這些東西，當時要放下，過後更不必一直扛在肩上。

正所謂：潮起潮落無非水，花開花謝總是緣。

最後，再一次感謝各位讀者和觀眾的寬容接納，感謝「百家講壇」各位老師的指導和支持。寫完諸葛亮，真的感覺自己在人生的道路上又扎扎實實地成長了。

在這裡，向孔明先生致敬！

趙玉平

目次

第一講

脫穎而出有妙招

東漢建安十二年，也就是西元二〇七年十二月，正是隆冬時節，天上下著鵝毛大雪，山河大地一片潔白。從荊州新野縣的官道上頂風冒雪馳來幾匹戰馬，只見為首一人，四十多歲年紀，身高七尺五寸，長手大耳，容貌威嚴，雖然頭上身上已經落滿雪片，但是絲毫沒有停歇落腳的意思，反而不斷催促後邊的人加快速度。這個人是誰呢？他就是赫赫有名的三國英雄劉備劉玄德。那麼，這麼大的雪，劉備不在溫暖舒適的府衙裡待著，跑到這荒郊野外來做什麼呢？

他這是去拜訪一位高人，這位高人就是大名鼎鼎的諸葛亮。據史書記載，在這個冬天，劉備前後跑了三趟才得以見到諸葛亮。歷史，就因為這三次拜訪被改寫了。

《三國演義》中記載，一顧茅廬時，劉備沒有見到諸葛亮，「玄德惆悵不已」。二顧茅廬時，見到的是諸葛亮的弟弟諸葛均，劉備說：「直如此緣分淺薄，兩番不遇大賢！」並給諸葛亮留言：「備久慕高名，兩次晉謁，不遇空回，惆悵何似！……仰望先生仁慈忠義，慨然展呂望之大才，施子房之鴻略，天下幸甚！社稷幸甚！」及至三顧茅廬終於見到諸葛亮，聽到諸葛亮對天下形勢的分析後，劉備邀諸葛亮出山，被諸葛亮推辭，「玄德泣曰：『先生不出，如蒼生何！』言畢，淚沾袍袖，衣襟盡濕。」諸葛亮最終被劉備誠意打動，終於答應出山。

劉備尋訪諸葛亮，用今天的眼光看，其實相當於老闆主動上門招聘。各位想想看，今天我們找工作，就算西裝領帶、描眉畫眼主動上門，也未必被人家相中。可是你看看人家諸葛亮，老闆頂風冒雪主動登門來請，居然可以閉門不見，而且越不見老闆還就越上癮，一次不夠還來了第二回第三回。那麼，諸葛亮究竟使用了什麼樣的策略，造就出這樣大的吸引力呢？這個問題值得我們好好研究研究。

我身邊有個朋友，諮詢顧問出身，有能力有口才，後來有獵頭公司找到他，介紹他到一個大公司就職。本來他對自己滿懷信心，可面試之後，灰溜溜就回來了，又是搖頭又是嘆氣。我問他為什麼，他說去了才發現能人太多了，你覺得自己不錯，比你不錯的人有的是，別說展示才華，連個基本印象都留不下。各位可以看到，在我們這個時代，長本事不難，難的是長了本事以後，如何讓別人看到你的本事，並且一定要給對方留下鮮明的印象，只有這樣才能脫穎而出。要做到這一點就一定離不開「包裝」二字，所以，成功的基本公式是：成功＝能力＋態度＋機遇＋包裝展示，四個因素缺一不可。

管理智慧箴言

成功＝能力＋態度＋機遇＋包裝展示

諸葛亮遇到的正是這個問題。要說當年的荊州，可是個人才濟濟的地方，中原大亂的時候，因為荊州比較太平，很多高人都避亂到了這裡，再加上本地人才，那可真是群星薈萃。要想在這麼眾多的人才當中脫穎而出，確實是非常難的。不過，諸葛亮做到了。

今天，我們探討諸葛亮的智慧，首先想探討的就是孔明先生這種自我展示的智慧。做一個好人不難，但是讓別人相信你是好人，那就比較難了。要展示就離不開包裝。你看，找工作，履歷需要包裝；搞企業，產品需要包裝；談戀愛，帥哥美女需要包裝；競選拉票，連美國總統都離不開包裝。正所謂「人配衣帽馬配鞍，包裝到位就領先！」

那麼，我們就來看看，這位智慧化身諸葛亮先生他是怎麼包裝自己的呢？

其實，諸葛亮真的不算是那種起點很高的人，《三國志》記載，諸葛亮是山東臨沂人，自幼父母雙亡，十七歲的時候來到荊州，一個人帶著弟弟和兩個姊姊艱難度日。

就像他在〈出師表〉中寫的，真的是「躬耕於南陽，苟全性命於亂世」。知識分子扛鋤頭種地，估計一開始，連馬鈴薯結在樹上還是地上，黃瓜花和茄子花有什麼不同這類問題都不是很明白。那真的是舉目無親，無依無靠，而且連個像樣的房子都沒有，只能搭一個草廬，用現在話說，就是在城鄉結合的地方搭個違章建築臨時安身。這個時候的諸葛亮可沒有電視上那麼瀟灑，他就像今天北京城裡剛畢業住在遠郊的大學生一樣，遇到了養家餬口和找工作的雙重困難。

諸葛亮（西元一八一—二三四年），字孔明，號臥龍（也作伏龍），漢族，琅邪陽都（今山東臨沂市沂南縣）人，蜀漢丞相，三國時期傑出的政治家、戰略家、發明家、軍事家。

西元二三四年，因積勞成疾，病逝於五丈原，葬於定軍山（今陝西勉縣東南）。

為了盡快擺脫被動的局面，找到出路，諸葛亮採取了若干措施，終於在二十七歲時經過著名的「三顧茅廬」，登堂入室，成為劉備集團的核心領導人。那麼，諸葛亮到底是如何圍繞「三顧茅廬」來包裝自己的呢？總結起來，有四條比較典型的經驗。

【第一條經驗】借助口碑，迅速冒尖

人才眾多，競爭激烈，起點又低。怎麼冒尖？很多人面臨這個情況都會不知所措，能想到的無非就是多參加招聘會，多投履歷，削尖腦袋爭取面試，也就這些唄。但人家諸葛亮可不這麼做，人家安安穩穩地坐在家裡就把事情都辦了。

他辦的第一件事情是利用口碑包裝自己。這裡邊，有三個人起了關鍵作用。這三個人是誰呢？第一個叫徐庶徐元直，就是歇後語「徐庶進曹營——一言不發」的那個徐庶。

《三國志》上記載，徐庶對諸葛亮的職業生涯產生了重大影響。關於徐庶，《三國志》裴注引

《魏略》記載：「庶先名福，本單家子，少好任俠擊劍。中平末，嘗為人報讎，白堊突面，被髮而走，為吏所得，問其姓字，閉口不言。吏乃於車上立柱維磔之，擊鼓以令於市鄽，莫敢識者，而其黨伍共篡解之，得脫。於是感激，棄其刀戟，更疏巾單衣，折節學問。始詣精舍，諸生聞其前作賊，不肯與共止。福乃卑躬早起，常獨掃除，動靜先意，聽習經業，義理精熟。遂與同郡石韜相親愛。初平中，中州兵起，乃與韜南客荊州，到，又與諸葛亮特相善。」

> 徐庶，字元直，潁川（今河南禹州）人。漢末三國時期人物，本名福，後因為友殺人而逃難，改名徐庶，自此遍訪名師，與司馬徽、諸葛亮等人為友。先曾仕官於新野的劉備，後因曹操囚禁其母而不得不棄備投操，臨行前向劉備推薦諸葛亮之才。此後徐庶仕魏，官至右中郎將、御史中丞。

徐庶可是個狠角色，少年的時候喜歡擊劍，武藝高強而且為人仗義，曾經替別人報仇親手殺了人，被官府抓到了，遭受嚴刑拷打，差一點丟了性命。後來被同黨救出，從此以後棄武從文，努力學習。中原大亂的時候，徐庶到了荊州。諸葛亮到荊州以後，和徐庶成了好朋友。徐庶文武全才，經歷過苦難的考驗，性格堅毅，屬於敢想敢幹的突破型人才。諸葛亮選擇徐庶發展友誼，說明他有獨到的眼光。後來徐庶到新野縣來投奔劉備，他很認真地向劉備推薦了諸葛亮。

劉備是很器重徐庶的，他問徐庶諸葛亮這人如何。徐庶說，勝過自己百倍。以前，劉備聽到的都是諸葛亮的虛名，現在親眼見到了諸葛亮的朋友徐庶，活生生地就在眼前，才能卓越，而且徐庶自己說諸葛亮比他水準高很多！於是劉備對諸葛亮的傾慕指數一下子有了大幅度提高，並且下定決心一定要請諸葛亮出山。

認識一個人之前，先了解他的朋友。這個叫什麼呢？這個叫做「觀人觀交」。什麼叫「觀人觀交」呢？就是想要知道一個人是什麼樣子，可以先去觀察他的朋友，平時和他交往密切的人是什麼樣，這個人就是什麼樣。正所謂，物以類聚，人以群分。和百靈鳥在一起，他一定會唱；和千里馬在一起，他一定會跑。諸葛亮等自己的好朋友都和劉備認識之後，自己再出場，要的就是這種提升。

這種方法，今天我們如何借鑒呢？一方面，當我們需要了解一個人的時候，十分有效的一個途徑就是看看他身邊的朋友都是什麼樣的人；另一方面，當我們需要展示自己的時候，其實不用自賣自誇，只要把我們身邊一兩位優秀的朋友展示給別人也就夠了。這叫做呈現身邊人，可以展現自己；觀察身邊人，可以了解他人。一個有才華的人，應該學會使用這種間接手段，達到直接展示自己的目的，這是智慧！

除了有徐庶的口碑介紹之外，還有另外兩個重要人士的口碑介紹對劉備選擇諸葛亮起了關鍵作用。這兩個人是誰呢？我們來看看。

《資治通鑑》上記載，為了尋訪人才，劉備專程拜訪荊州著名的人力資源專家司馬徽，司馬徽說：「儒生俗士，豈識時務，識時務者在乎俊傑。此間自有伏龍、鳳雛。」劉備立刻被這兩個綽號給吸引了，一龍一鳳，都是俊傑，這可太好了。他就問司馬徽這兩個人是誰，司馬徽說伏龍是諸葛亮，鳳雛就是龐統。這是諸葛亮第一次進入劉備的視野，而且是高調進入，由著名的人力資源專家推薦。現在求職找工作過程中我們也發現，專家推薦是成功率非常高的一個途徑。那麼我們不禁要問，諸葛亮一個外來青年，他怎麼就這麼受專家的認可呢？

《三國演義》中二顧茅廬的一個情節讓我們看到了端倪。我們開頭提到了，天寒地凍隆冬時節，劉備冒著大雪來訪諸葛亮，但是諸葛亮既沒有感激涕零也沒有熱情出迎，反而是避而不見。劉備撲空了，他只好離開，就在出門上馬正要走的時候，一位重要的人物出場了。

《三國演義》把這一小段寫得很優美：「見小橋之西，一人頭戴暖帽，身穿狐裘，騎著一驢，後隨一青衣小童，帶著一葫蘆酒，踏雪而來，口中還吟著詩，一夜北風寒，萬里彤雲厚。騎驢過小橋，獨嘆梅花瘦！」這個意境真的是「雪後天晴朗，梅花處處香，騎驢把橋過，鈴兒響叮噹」。

劉備上前見禮互通名姓，您猜這位來者是誰？他就是諸葛亮的岳父老泰山黃承彥。俗話說的好，一個女婿半個兒，這位黃老爺子為了姑爺工作的事情這回也親自出面了。

關於諸葛亮的婚姻，這裡我們要說上幾句。《襄陽記》中記載，黃承彥是荊州知名人士，影響力很大，活動能量也很大，他對諸葛亮說：「聽說你要選妻子，我有個女兒長相一般，但是才華和你很相配。」於是諸葛亮欣然答應，就娶了黃小姐為妻。鄉里的人都以此為笑話，而且還編了順口溜說「莫作孔明擇婦，正得阿承醜女」，這個漢代順口溜什麼意思呢？翻譯成現代漢語就是——諸葛亮找對象，選個老婆不像樣。

那麼黃小姐真的很醜嗎？其實不然。人都說「養兒隨叔，養女隨姑」，我們來看看黃小姐的父系和母系的長相，黃老教授本人很有風度，黃小姐的小姨還是荊州有名的美女。所以從遺傳因素上看，相貌應該不錯的，也就是說黃小姐四肢五官的數量以及位置都沒有問題。關於黃小姐的確切長相，《襄陽記》中也只簡單提到「黃頭黑色」四個字，看看，挑不出五官，就挑皮膚和頭髮了。什麼叫黃頭黑色？就是頭髮發黃，皮膚有點黑，用現代眼光看，黃小姐就是一個眉眼端莊，健康膚色，頭髮染黃的時尚女生。你看，我們周圍有很多這樣的女生，挺好看的嘛！

不過在東漢末年，可能這個長相是不符合當時人們的審美標準的。從這一點上也可以看出，諸葛亮不是一個隨波逐流的人，他做事情有自己的標準和原則。凡是大材往往在某些方面都有反潮流的傾向。

諸葛亮這次婚姻除了給他帶來一個賢慧的妻子之外，還給他帶來了兩個意想不到的驚喜，對他日後的事業產生了重要影響。這兩個驚喜都是諸葛亮的老丈母娘給他帶來的。哪兩個驚喜呢？我們來看一看！

諸葛亮的丈母娘姓蔡，蔡夫人出身在荊州很有權勢的蔡姓家族，荊州大將蔡瑁就是蔡家的兒

子。當初，荊州行政長官劉表到襄陽來上任的時候，屬於單槍匹馬，人單勢孤；全靠這位蔡瑁聯合地方豪強全力支持，劉表才坐穩了寶座。因此，劉表把軍隊都交給蔡瑁掌握。東漢年間是一個很講究門第出身的年代，出身大家族的人才有更多的機會得到升遷提拔，豪門望族之間都保持通婚的傳統，講究門當戶對。蔡家和黃家都是豪門望族，所以蔡小姐就嫁給了黃承彥變成了蔡夫人，生下了諸葛亮的妻子黃小姐。

這樣一來，山東青年諸葛亮就順理成章整合了蔡家和黃家兩大家族的資源。另外，還有一個更重要的情況是，前邊說了，黃小姐的小姨，也就是諸葛亮岳母的妹妹可是個大美女。這位美女蔡小姐被荊州長官劉表相中了，嫁給了劉表。這樣一來不要緊，諸葛亮結了一次婚，和地方長官劉表還攀上親戚了，劉表變成了諸葛亮的二姨夫。這個親戚關係不遠吶。和黃家、蔡家，以及劉表的特殊關係，給諸葛亮立足荊州、獲得認可、擴大影響帶來了很多方便的條件。

諸葛亮有了這樣的平臺，接觸的人多了，展示的機會也多了，隨著時間的推移，就逐漸成為各方面一致認可的人才精英。這就是諸葛亮受到專家認可的奧祕所在。

各位，現在孔明先生的口碑是有了，但是光有口碑還不夠，一個人才要脫穎而出需要三個必備條件：第一，有人說你行；第二，說你行的人得行；第三，你自己得真行！如何讓別人知道自己真的很行呢？諸葛亮使用了更高明的辦法。這個辦法是什麼呢？就是製造差異、吸引目光。

【第二條經驗】

製造差異，吸引目光

《三國演義》第三十七回「司馬徽再薦名士　劉玄德三顧草廬」中有這樣一段描寫，司馬徽來見劉備，他對劉備這樣描述諸葛亮，說：同學們非常用功地鑽研問題，唯獨諸葛亮看看大略，把握一下總體就行了。在別人學習的時候，我們這位孔明先生抱著膝蓋放聲長嘯，對著面前幾個人說：「你們各位都可以做到刺史、郡守（相當於省長、市長）。」大家問孔明你的志向是什麼呢？孔明笑而不答。

這個段子可不是《三國演義》的杜撰。眾所周知，《三國演義》是小說，不過，這個小說和我們所理解的那種生編硬造、天馬行空的小說是不一樣的，把《三國志》和《三國演義》進行對比我們就會發現，《三國演義》有著真實的歷史事件、準確的人物關係，甚至很多人物的對話都符合歷史原貌，可以說，寫《三國演義》的羅貫中首先是一個歷史學家，其次才是一個文學家。

從前邊這個例子中，我們可以看到兩點：一是諸葛亮很強調學習的差異化，用與眾不同的方法學習與眾不同的內容，這讓他在同學中間顯得很特立獨行；二是他把自己的職業定位定得更高，不

滿足於做刺史郡守。這樣的目標是一般人想也不敢想的。

獨特的方法、遠大的目標讓諸葛亮在同學中顯得很突出。而且，他還更加大膽地對自己做了一下概念包裝，自取道號叫臥龍，住的地方叫臥龍崗。大家注意龍在中國是尊貴的象徵，代表著高高在上，絕對權威。諸葛亮大膽地把自己比作龍，強調了自己荊州第一名士的地位，讓人印象深刻。

同時，他又把自己比作管仲、樂毅，這兩位可是赫赫有名的歷史名人：管仲輔佐齊桓公九合諸侯，一匡天下；樂毅領導弱小的燕國大敗強大的齊國，接連攻下七十二座城池，兩個人都是輔佐國君成就霸業的棟梁。一般人是想也不敢想的，年紀輕輕、二十多歲的諸葛亮居然敢說，這兩個人有什麼，我和他們一樣。

說到這裡，我們就看到，諸葛亮的策略就是怎麼大怎麼說、怎麼高怎麼說，這一策略叫高舉高打。一般人會覺得這樣做不是過於狂妄，顯得不謙虛了嗎？為什麼諸葛亮敢用呢？因為他有三個有利條件：第一，確實水準高有才能；第二，有前邊提到的那些專家支持和同學認可；第三，在荊州的人脈平臺也已經基本建立了。所以，他才敢採取高舉高打的方式宣傳自己。做人就是這樣，懂得保持低調是品格，懂得運用高調是智慧。

管理智慧箴言

懂得保持低調是品格，懂得運用高調是智慧。

諸葛亮下定了決心，一定要做荊州首席人才，排名第一的專家。後來，他的策略真的見效了，在司馬徽、黃承彥、徐元直等人的傳播下，人們逐漸接受和認可了「伏龍鳳雛」兩大人才，而且諸葛亮如願以償排在第一的位置。

排第一到底有什麼好處呢？這個在心理學中有研究了，第一名能獲得百分之九十五的人關注，第二名只能獲得百分之三的關注，第三名得到的關注也就百分之一，第四名以後就幾乎沒有人關注了。要想脫穎而出就必須做第一。舉個例子，世界第一高山峰是哪個山峰，大家都知道，珠穆朗瑪峰嘛！但是，再問你世界第二高山峰是哪個，你知道嗎？這個知道的人就很少了，有人說那我也知道，那我再問你，世界第三高山峰是哪個，這個就更少有人知道了。第三名會被全世界忘記的，不管你有多高。

再舉個例子，比如我們辦奧運會，請問中國第一個奧運冠軍是誰？這個很多人都知道，一九八四年洛杉磯奧運會的射擊冠軍許海峰，零的突破。這個你知道是吧，不過別著急，那我來問你，中國第二個奧運冠軍是誰，哪位知道？這個大多數人都不知道了，我們只好去查資料。這位先生冤吶，一樣是為國爭光，一樣的競爭激烈，一樣的艱苦訓練，特別是比賽日程也不是他能決定的，但是沒辦法，誰讓你趕上了呢？只有第一名才能被所有的人記住！

所以，要想獲得足夠的關注，必須要爭取做第一，有條件要做第一，沒有條件創造條件也要做第一。這就是諸葛亮當年包裝自己時堅持的基本原則。

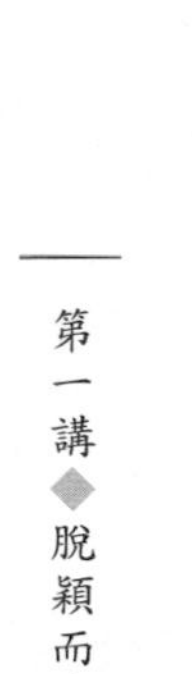

有了口碑了，也吸引目光了，諸葛亮接著給劉備準備了一齣大戲。什麼大戲呢？請看第三條經驗——

第三條經驗 欲擒故縱，激發需求

說到這裡，想先談另外一個問題，就是對三國故事的理解問題。各位讀者，其實，三國故事裡邊有兩個諸葛亮。為什麼是兩個呢？一個是諸葛亮的真身，也就是《三國志》等史書裡邊的諸葛亮，他是客觀的真實，體現了歷史的本來面目；另一個是諸葛亮的化身，就是《三國演義》小說塑造的諸葛亮，他包含了很多演義的成分，但是恰恰是這些成分，濃縮著千百年來我們民族的經典智慧。今天，我們看三國解讀諸葛亮，不光要看歷史考證人物，更要解讀這些智慧。

從這個角度說，諸葛亮三個字，已經不僅僅代表一個人，這三個字裡邊有我們民族的心靈史，是我們民族智慧的化身。所以，講諸葛亮，不講真身就沒有根，不提化身就沒有魂。一定要把兩者結合起來才有味道。

「三顧茅廬」這個故事本身就是真身智慧和化身智慧相結合的一個故事。首先「三顧茅廬」這個故事的發生，有一個重要的前提，就是領導者劉備的心理狀態。諸葛亮是掌握了劉備的心理狀態以後才出手的。那麼，劉備當時是什麼心態呢？一個叫做急，一個叫做疑。

三顧茅廬之前的劉備，事業正處於低谷。自出道以來，他先是依附公孫瓚，然後投奔過曹操、投奔過呂布、投奔過袁紹，可以說劉備是三國裡跳槽最頻繁的「幹部」，但是雖然輾轉了這麼多「公司」，劉備依然沒有找到自己的合適位置。人往往是自己看不到自己的，一個人要看到自己的臉，他就需要一面鏡子；一個人要看到自己的心，他就需要另外一個人。

劉備（西元一六一——二二三年），蜀漢昭烈帝，字玄德，涿郡涿縣（今河北涿州）人，據說是漢中山靖王劉勝的後代，三國時期蜀漢開國皇帝，政治家，西元二二一——二二三年在位。史家又稱他為先主。

劉備身邊沒有一個可以幫他反思過去和規劃未來的人，最後劉備在北方實在無法立足，只能向南投奔荊州劉表。在這裡他深深體味到了寄人籬下的滋味，只能帶著兩個兄弟關羽、張飛臨時駐紮在新野小縣。而在此時，環顧中華大地，群雄四起的局面已經過去，局勢逐漸明朗起來，江東的孫權已經擁有六郡八十一州的地盤稱霸一方，曹操橫掃中原，消滅了強敵袁紹，勢力一直發展到遼東半島。這兩位，一個南據閩粵，飲馬長江；一個東臨碣石，以觀滄海。看看人家個個事業紅紅火

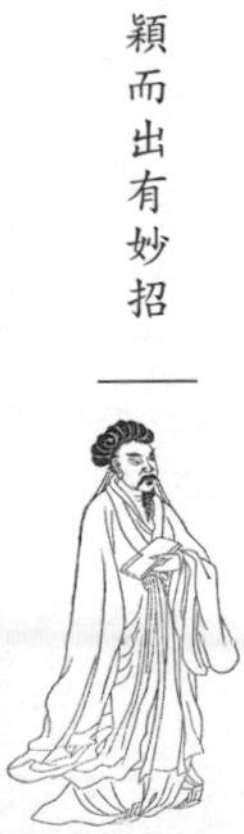

火，再瞧瞧自己，四十多歲了連個立足之地都沒有，你說劉備能不著急嗎？

但在急的同時，劉備心裡又沒底。荊州確實有人才，你諸葛亮確實名聲大，但是你這個人才能力到底有多大，是不是像傳說中的那麼高，在自己的隊伍中能不能發揮應有的作用，劉備心裡一點底都沒有。

對於又急又疑的領導，使用欲擒故縱的策略是最恰當不過的了。現在，讓我們回到「三顧茅廬」的現場，看看都發生了哪些有趣的事情。羅貫中寫《三國演義》是充滿智慧的，在堅持歷史基本史實的同時，給空白處補充了很多生動的細節，這些細節包含著豐富的思想，特別耐人尋味。劉備第一次拜訪是在一個晴朗的日子，很順利地就找到了諸葛亮的住處。《三國演義》寫「一顧」的時候，作者就寫到了兩個細節。

第一個細節——次日，玄德同關羽、張飛並從人等來隆中。遙望山畔數人，荷鋤耕於田間，而作歌曰：「蒼天如圓蓋，陸地似棋局；世人黑白分，往來爭榮辱；榮者自安安，辱者定碌碌。南陽有隱者，高眠臥不足！」玄德聞歌，勒馬喚農夫問曰：「此歌何人所作？」答曰：「乃臥龍先生所作也。」就是說劉備和關羽、張飛來到隆中。遠遠看到山下有好幾個農夫在田裡幹活，而且一邊幹活一邊還唱著一首境界很高的歌。

劉備問農夫歌曲是誰做的，農夫說是臥龍先生諸葛亮寫的。劉備就問諸葛亮家住哪裡，農夫給劉備指點了準確的地址，於是劉備非常順利就找到了諸葛亮的家。

說到這裡，我們不禁要問一個問題，農夫唱的這個歌曲是哪裡學來的？他肯定不能跟著音樂電視學來或者從網路下載來的。他一定要有一個音樂老師，這個老師就是諸葛亮。

諸葛亮給村裡農夫上音樂課！這個事情本身就很有趣，他為什麼會這樣做呢？原因應該只有一個，就是借農夫之口宣傳自己。大家都知道，人不可能自己宣傳自己，那叫「老王賣瓜，自賣自誇」，必須要通過別人宣傳自己，這叫做通過他人展示自己。可見諸葛亮說是隱居隆中，其實他的傳播工作一直都沒有停頓過。有大志向的人，無論何時何地都要做好傳播工作，而且要從身邊做起，從眼前人做起。酒香還怕巷子深，一個人的成功離不開展示和傳播。所以，我們的觀點是：賣冰啤酒，賣的是誘人的泡沫；賣煎牛排，賣的是火爆的滋滋聲。只有善於傳播的人，才有機會成功。

管理智慧箴言

賣冰啤酒，賣的是誘人的泡沫；賣煎牛排，賣的是火爆的滋滋聲。只有善於傳播的人，才有機會成功。

第二個細節——劉備來到莊前，下馬親自叩門，裡邊出來一個童子。劉備上前報名說：「大漢左將軍、宜城亭侯、領豫州牧、皇叔劉備，特來拜見先生。」

大家看看，這麼多頭銜，一般人見了，即便不是肅然起敬，肯定也要畏懼三分。劉備自報頭銜，自然也含著亮出身分鎮一鎮對方的目的，但是人家諸葛亮家的童子居然沒有任何反應，而且自始至終都擋在門口，根本就沒讓劉備進門。那麼我們想一想，諸葛亮是真的不在家呢？還是在家裡卻不肯見面呢？我覺得，應該是後一種的可能性大一些。因為按照一般的禮儀，人家客人遠道而來，讓進去歇歇腳、喝杯水總是應該的，況且對方身分還是左將軍大漢皇叔。小童擋著不讓進去，這本身就很說明問題。

那麼，諸葛亮為什麼會躲著劉備？他不是自比管仲、樂毅嗎？管仲、樂毅都是遇到了明主，才得以大展宏圖。現在好領導就在眼前，上門招聘，為什麼諸葛亮就不見呢？

孔明先生迴避的原因大概有兩個：一是你劉備來請我出山，是真心還是假意，就算是真心，這份真心到底能保持多久，這個需要考驗一下。

二是我這麼大才華之人，不能讓你輕易就得到了，否則你不知道珍惜。為了讓你足夠珍惜，我就要給你來點周折。這是一個心理學規律，一般來說，一件東西費周折越多，得到的時候就越覺得珍貴；一頓好飯盼得越久，吃的時候就越覺得香甜。

人也是這樣，你來得太容易，他就不會珍惜；你搞得太順利，他反而會懷疑。

對方提了要求，即使自己心裡願意，也要找點客觀原因拖上一拖，這叫做「主觀上很願意，客觀上不容易」。

就好比男的向女的求婚，說妳嫁給我吧，女生心裡很願意，但嘴上卻說：「我願意，但是這麼大的事兒，要和我媽商量商量，她同意才行。」過幾天男生又來問，女生說：「我媽出差了，再等等吧。」這樣反覆了三回，出差的終於回來了，女生說：「告訴你一個好消息，我媽媽終於同意了！」於是，一段幸福甜蜜的故事就開始了。

相反，如果男的說妳嫁給我吧，好嗎？女的馬上說：「行行行！哎呀，你怎麼不早說呀？咱們什麼時候辦？我現在就跟你走。」各位想想，男的呢，肯定會說：「呵呵，我逗妳玩呢！」他會打退堂鼓的！

所以諸葛亮的原則就是，即使我願意，也要費點周折。我給你打工這件事，主觀上我很願意，客觀上相當不容易。

第四條經驗
高調出場，低調說話

各位，劉備先是受了口碑的轟炸、目光的吸引，接著在又急又疑的情況下，一顧茅廬沒見到人，二顧茅廬又沒見到人，他的胃口已經被高高地吊了起來。三顧茅廬的時候，諸葛亮終於露面

了。各位想想，看著諸葛亮，劉備心裡是什麼感覺？一個詞——興奮吶，面對諸葛亮，劉備眼前全是光圈兒，一圈一圈都套在諸葛亮身上，那感覺就一條——諸葛亮太亮了！

在這樣的情況下，您說諸葛亮該怎麼做？有人說，既然等的就是這一天，當然要立刻通電，盡顯鋒芒，把自己平生所學全都給劉備展示一下。這樣做可以嗎？也可以，但是境界不夠高。人家諸葛亮使用了更高明的技巧，叫做「高調出場，低調說話」。那麼什麼叫「高調出場，低調說話」呢？我們來看看。

話說劉關張三人來到莊前叩門，童子開門。劉玄德說：「有勞仙童轉報，劉備專來拜見先生。」童子曰：「今日先生雖在家，但今在草堂上晝寢未醒。」

劉備態度很好，吩咐關羽、張飛二人在門首等著，自己徐步而入，看到諸葛亮睡在草堂之上，劉備就規規矩矩地站在階下。站了半晌，諸葛亮還是不醒。關羽、張飛耐不住性子，張飛非鬧著要去屋後放一把火，被關羽勸住。劉備把二人推出門外繼續等候。就這麼折騰吵鬧，我們的孔明先生居然還是沒有醒。各位不要忘記，以張飛的大嗓門，當陽橋頭一聲吼，可是喝斷橋梁水倒流的。就這麼大分貝的噪音，難道孔明先生真的聽不到嗎？還是聽到了裝聽不到，我估計是後者。這樣，又過了一個時辰，也就是兩個小時以後，諸葛亮才睡醒。各位，劉備就這樣足足在下邊站了三個小時啊，都快站出靜脈曲張了。

諸葛亮之所以要如此怠慢劉備，其實還是想測試劉備的誠心。以劉備豐富的人際經驗，估計這一點也是心知肚明的。今天我們這些普通人都能想到的事情，縱橫天下、素有知人智慧的劉備怎麼能不知道呢？也就是張飛看不出來。諸葛亮越是怠慢，越是測試，劉備就越相信此人有才華。這就是高調出場，我自己放在高姿態的位置上，留給對方一個低姿態的位置。

其實諸葛亮此舉，也是在成全劉備。你劉備不是渴望人才嗎？現在有個小有名氣的隱士，你就可以如此不辭辛苦，真心對待，這件事情傳播出去，那肯定天下人都知道你愛才，再往後，一定會吸引更多的人才主動前來。這叫做珍愛一匹馬，吸引一群馬。「三顧茅廬」應該說是劉備和諸葛亮兩位共同導演並參演的一齣人才招聘的大戲。兩個人都主動地自覺地扮演了自己合適的角色。

話說劉備站了三個多小時以後，孔明先生終於醒了，換了衣服出來和劉備相見。兩個人分賓主落座，童子獻茶。諸葛亮一張嘴就是謙虛之詞，說：「看了您的書信，感受了您憂民憂國之心；但我諸葛亮年幼才疏，怕耽誤您的事業啊。」劉備說：「推薦人司馬德操、徐元直說的話怎麼會是虛談？還是希望先生不要嫌棄我，給我指點指點吧。」諸葛亮又說：「您說的這兩位確實是高人，我可不能和他們比，我就是一個種地的農夫，怎麼敢談天下事呢？劉將軍您不要捨了美玉來找頑石啊。」

各位，既然諸葛亮有那麼大才華，為什麼不當著劉備的面展示一下，反而是不斷地謙虛推讓、自我貶低呢？這也是中華民族的一個傳統智慧，叫做以退為進，先說自己不行，再展示自己很行。用低調的語言，襯托實際的才華。這就是低調見面。

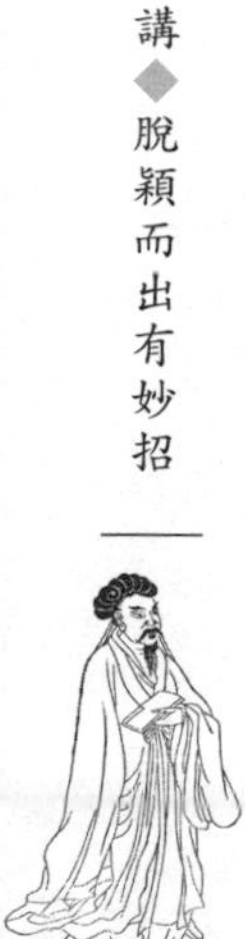

管理智慧箴言

先說自己不行，再展示自己很行。用低調的語言，襯托實際的才華。

這麼做的原因有兩個，一是可以提升聽眾的滿意度。當我們和一個人談話的時候，都會對對方有一個心理期望，超出期望了就滿意，低於期望就不滿意。打個比方，人家問了：老趙啊，這次比賽你能拿第幾啊？我說：當然是拿冠軍啊，我肯定是第一，沒問題！結果比賽拿了第三，周圍的人一定嗤之以鼻，說這小子真狂妄，不知道自己吃幾碗飯！看，滿意度下降了。相反，如果一上來人家問：老趙你能拿第幾啊？我說：一般一般，也就是前二十名中等水準吧。結果拿了第三，周圍人馬上感覺，哎呀厲害啊，一般一般，就能拿第三，不錯。滿意度一下就提起來了。這個策略就是通過謙虛低調，降低周圍人對自己的期望，從而在真正展示的時候，獲得更高的滿意度。

二是可以讓對方對自己說的話有更深的印象。重要的想法、閃光的智慧，不能一上來就說，你讓我說我就說，那不行。需要先激發聽眾的情緒狀態，等大家的注意力達到一定的臨界點了，我這裡才能開始講，這個叫做「先讓對方著急，再給對方出主意」。

從以上兩點，我們可以看到，其實謙虛低調不光是美德，它更是一種為人處世的智慧。一隻拳頭，要想打得更有力量，就要先收回來，再打出去；一個人要想充分展示自己的才能，也要懂得先收回來，再放出去。諸葛亮謙虛低調，就是為了達到這個效果。

在推讓了兩次以後，看火候差不多了，諸葛亮這才正襟危坐，摒退左右之人，開始給劉備講解天下大勢。這一講不要緊，只講得劉備心裡真是撥雲見日、豁然開朗，這才引出了後來的火燒赤壁，取荊州收四川，天下三分，所以後人讚歎諸葛亮「未出茅廬，先定三分天下」。這一年，諸葛亮只有二十七歲！那真是自古英雄出少年。

青年才俊諸葛亮出山的時候，正是劉備事業最危險的時刻，新野失守，樊城失手，荊州失守，隊伍被打散了，盟友投降了，連老婆也死在當陽戰場上，靠眼前的萬把人如何對抗曹操幾十萬大軍？出路在哪裡？希望在哪裡？就在所有的人都焦急得近乎絕望的時候，諸葛亮出現了，他穩穩當當地為劉備認真分析了天下形勢，給劉備制定了一套精采的戰略，這個戰略使劉備很快轉危為安。那麼這個戰略的基礎是什麼，他又是如何制定的呢？請看下一講。

第二講

幸福都是爭來的

西元二〇八年八月的一天，在劉備駐樊城的辦公室裡，眾人鴉雀無聲，我們這位劉皇叔正在大發雷霆，只見他手執明晃晃的鋼刀，把刀架在了一個小人物的脖子上，眼看就要現場殺人了。這種血腥場面，在劉備整個一生當中是十分罕見的，那麼這個讓劉備如此暴怒的小人物是誰呢？他就是荊州謀士宋忠。

說到劉備發怒這件事，還要從劉備最近的心情講起。最近劉備心情相當差，一來是因為劉表去世，二來是因為曹操大軍壓境。正在焦慮的時候，手下人來報告，說荊州謀士宋忠來訪。滿以為這個宋忠會帶來聯合抗敵的計畫，可萬萬沒有想到，宋忠帶來的，是一個讓在場所有人都義憤填膺的消息，大家把肺都氣炸了。什麼消息？就是劉琮沒放一槍一砲，居然投降了。劉備憤怒地對宋忠說：「你們這些人怎麼會做這樣的事情呢？不早一點告訴我，災禍到了我家門口，才告訴我，這個有點太過分了吧！」

於是我們就看到了開頭的一幕，劉備揮刀架在宋忠脖子上。不過劉備畢竟是劉備，雖然發怒，但是沒有下狠手。各位想想，主子發怒，最需要旁邊的人做的事情是什麼呢？就是解勸，如果沒人勸，那進退兩難才最尷尬呢。在眾人的勸說之下，劉備發完火，找了臺階，最終還是把宋忠給饒了。

各位，劉備一向是很注意人際形象的，很少當眾發脾氣，這一次卻這樣忍無可忍，劉備為什麼這麼憤怒？我們分析一下就會發現，他的憤怒有一個很深的原因，那就是劉琮投降的事實，讓劉備自出道以來一直堅守的一種生存模式被徹底擊碎了。

那麼，劉備這種生存模式是什麼呢？我們簡單分析一下就可以看到，從結交公孫瓚、桃園三結義、三讓徐州到長阪坡摔孩子，劉備的模式就只有兩個字——「靠人」，具體說就是靠感情聯絡人，靠道義凝聚人。他找親戚找同學，他重感情掉眼淚，他謙卑，他和善，他自稱大漢皇叔，以天下為己任，一天到晚喊著要救民於水火，所有這些都是在延續這個生存模式。

不過，劉備卻一次又一次被自己堅守的東西傷害，尤其是荊州這一次，劉備以為一筆寫不出兩個劉字，都是一家人，自己又有這麼多感情投入，做了許多貢獻，受了委屈也沒有反抗，這已經算是十二分的投入了，但是關鍵時刻，感情和道義還是都失效了。他能不生氣嗎？他的氣憤中還帶著絕望和氣急敗壞，劉備真不知道以後自己該怎麼辦了。

關鍵時刻，在最需要別人幫助的時候，卻被人甩了，這種事情在我們身邊是經常發生的！眼前劉備面臨的形勢就是危機四伏，孤立無援，部隊只有幾千，糧草馬上要用盡，前有強敵，後有大江，沒有根據地，沒有援兵。曹操的幾十萬大軍隨時都可能打過來，劉備的出路只有一條，什麼出路？就是在最短時間內找到一個盟友幫自己度過難關。

大家都知道，一個人要在社會上立足，要做成點事情，就一定離不開別人的幫助，古今都是如此。要想得到別人的幫助，肯定要採取一些方法。比如我們要挖一口井，自己人力量又不夠，用什麼方法可以說服街坊四鄰來幫助我們呢？一般可以想到的首先是利益吸引，花錢雇人家幫忙；要是

沒有錢呢，就用感情，憑藉平時積累的感情說服人家幫忙；那麼，要是平時沒什麼深厚的感情又該怎麼辦呢？還可以「畫餅」，可以說，井打好了，給你一半。不過萬一這麼說人家不信，又怎麼辦呢？劉備目前的狀態其實就是這樣，給錢沒錢，用感情沒什麼感情，許願給人家，人家又未必相信，從長計議吧，時間又來不及了，到底該怎麼辦呢？關鍵時刻，孔明先生給劉備想出了三個有效策略：

策略一 實力接近，聯盟穩定

說到這裡，我們有必要幫劉備總結一下以往的生存模式，這個模式我們太熟悉了！劉備模式是什麼呢？簡單說，就是先利用感情，讓對方行政長官接受自己，然後再廣施仁義、禮賢下士，在人家地盤上發展自己的勢力，同時扮演弱者和道義的維護者，一旦和人家翻臉打起來，保證有足夠多的人同情和支持自己。實在打不過了，那就再找下一家！

這種生存模式其實是非常脆弱的。比如，劉備剛到荊州的時候，劉表對劉備感情深著呢，又是給部隊又是給地盤，確實很大方，不過這段蜜月期很快就過去了。劉備的才幹和號召力，很快就讓劉表起了疑心。他開始暗地防備劉備，劉表想了什麼招呢？《三國志・先主傳》寫道：「使拒夏侯惇、于禁等於博望。」你看，看劉備不順眼，就派他去和強大的敵人打仗，這很有點借刀殺人的味道。之所以出現這個局面，其實就是劉備這種模式造成的。劉表當然不能容忍，你劉備在我的地盤上發展自己的勢力，挖我的牆角，你要這麼整，那我也給你來一個借刀殺人！所以，感情聯盟往往禁不起利益的考驗和危機的考驗。順眼的人未必是最能幫你的人。

> 劉表（西元一四二—二〇八年），字景升，山陽高平（今山東鄒城）人。東漢末年名士，漢室宗親，荊州牧，漢末群雄之一。

危機時刻，諸葛亮給劉備找了一個新幫手——孫權。

可以說，諸葛亮很懂吳主孫權！在〈隆中對〉當中，諸葛亮曾精采而透徹地分析了孫權。說：「孫權據有江東，已歷三世，國險而民附，賢能為之用，此可以為援而不可圖也。」短短一句話裡卻包含著後來蜀漢立國的一個基本國策，就是聯合東吳，東北拒曹操。為什麼一定要堅持聯合孫權，而不是聯合曹操呢？難道就是因為曹操不順眼，孫權順眼嗎？萬一有一天孫權也不順眼了，或者曹操變得順眼了，那該怎麼辦？

其實，很多當時的人乃至今天的人都沒有搞明白諸葛亮在制定這個基本國策時候的苦心。包括

劉備自己也沒有十分搞清楚。

孔明先生的這個智慧，今天我們要在這裡分析一下。我們準備使用的是現代博弈論的分析方法。首先，曹孫劉三方的實力是明擺著的，曹操第一，孫權其次，劉備最弱。我們先來研究曹操，各位想一想，您說曹操要找一個人聯盟的話，他是找孫權好呢，還是找劉備好呢？

如果你想不清楚這個問題，那麼我們就來想一個更本質的問題，就是讓誰活下來，對曹操會有利一些。答案當然是劉備！因為把孫權整死，剩下劉備這個弱者，你不理他，他不會興風作浪，你要理他，唾手可得。所以曹操會選劉備。

那麼孫權呢，如果想不清這個問題，我們還是回到那個簡單問題，讓誰活下來對孫權會有利一些，當然還是劉備。他肯定也會選劉備。因為一旦把曹操整死了，自己就是老大嘛，優勢很明顯。所以孫權也喜歡劉備。

曹操說，劉備我喜歡你！孫權說，備，我也喜歡你！這個叫什麼？這個叫做弱者吸引力。最弱的那個人會受到各方的歡迎，因為他沒有威脅。

那最後我們想想劉備，如果劉備一定要選一個人當聯盟的話，他是選孫權好，還是選曹操好呢？如果想不清楚這個問題，我們還是想那個基本問題，就是讓誰活下來對劉備有利一些？當然是孫權。因為跟孫權畢竟實力比較接近，消滅曹操之後和孫權還有得一拚。如果孫權沒有了，就剩了曹操，那實力差距太大，基本就沒有機會了。第二名一旦被消滅，第三名被消滅的日子也就不遠了。

所以劉備喜歡誰呢？當然是孫權，因為孫權活下來，將來還有得一拚嘛，這叫做實力接近，聯盟穩定。實力差距太大，領先的人蠢蠢欲動，落後的人惴惴不安，大家都睡不著。

那麼各位就看到了，曹操選劉備最有利，孫權選劉備最有利，而劉備是選孫權最有利，博弈結果就是孫劉聯盟打曹操。那麼，你說曹操沒人理，被孤立，是不是他人品次，不順眼，長得難看，說話難聽？這個和那些都沒有關係。這個現象叫做英雄寂寞。最有本事的第一名總會被孤立，沒有人肯和第一聯盟，道理很簡單，聯盟成功了光榮和實惠都是你的，失敗了你比我跑得快，和平的時候你是老大，打起仗來你實力強先整死我，我為什麼要和你聯盟？我才不會呢！

綜上所述，我們得出了一個簡單結論，就是在三方鬥爭過程中，第二名和第三名聯合起來打第一名，這是最明智的選擇。

管理智慧箴言

在三方鬥爭過程中，第二名和第三名聯合起來打第一名，這是最明智的選擇。

諸葛亮正是看到了這個規律，他才為劉備確定了聯合孫權抗擊曹操的總體戰略。沒有永遠的感情，只有永遠的利益；敵人的敵人就是我們的朋友，實力接近，聯盟穩定；這些基本的外交原則在

這裡得到了很好的貫徹。所以，在聯盟中，情感往往是模糊的，但利益卻總是清楚的。

所以，我們在找人幫忙的時候，也可以借鑑諸葛亮的策略，就是找實力接近的人做聯盟，這樣才會比較穩定。並且在聯盟的時候，要陳明利害，把風險講清楚。我們說，一個人最根本的轉變不是方法的轉變，而是方向的轉變。我們為什麼要找老師，找老師不是為了學方法，而是為了首先找到正確的方向。諸葛亮給劉備帶來了這樣的轉變，他告訴劉備只有孫權才是最合適的幫手，一定要聯合孫權。但是各位想想，孫權也不是傻瓜，你劉備棄新野、走樊城、大敗長阪坡，隊伍都要打光了，我憑什麼和你聯盟呢？為了達成這個目標，諸葛亮為劉備謀劃了第二個策略——

策略二
變主動為被動，等對方提要求

前邊提到了，我們要挖一口井，自己人力量不夠，用什麼方法說服別人來幫助我們呢？事實上，要說服一群不缺水的人幫我們挖井是很難的，但是，要是引導一群缺水口渴的人跟我們一同挖井，那可就容易多了！

管理智慧箴言

要說服一群不缺水的人幫我們挖井是很難的，但是，要是引導一群缺水口渴的人跟我們一同挖井，那可就容易多了！

這個問題的關鍵，就是要善於把挖井問題變成口渴問題。先要讓對方感覺到自己處在困難當中，然後再提合作，那就有把握多了。諸葛亮給劉備出的主意就是這樣的。

《資治通鑑》記載，在得到劉表去世的消息的時候，孫權派魯肅到荊州探聽虛實。等魯肅到了南郡，劉琮已經投降。魯肅轉道來見劉備，見面的地點是當陽長阪坡。

原文說：「肅宣權旨，論天下事勢，致殷勤之意。」什麼意思呢？就是魯肅向劉備分析了當前形勢，並且代表孫權向劉備表達了善意和好感。從這十四個字當中，我們還可以感受到魯肅方面對局勢沒有充分的思想準備，有點慌亂和緊張。

> 魯肅（西元一七二—二一七年），字子敬，臨淮東城（今安徽定遠）人，中國東漢末年東吳的著名軍事統帥。

按理說，這是劉備集團求之不得的，要是一般人，早就去說了：「那我們就聯合吧，我們現在很困難，早希望和東吳聯合了！」

這樣行不行呢？還是那句話，也行，但是境界不高，因為其中包含著風險。歷史和現實都證明了，聯盟過程中，如果弱勢一方表現得過於迫切，反而有可能葬送大好的局面，給建立聯盟造成不必要的周折和困難。

諸葛亮對此早有準備，他和劉備都暫時隱蔽了自己的合作傾向。魯肅論大勢，劉備和諸葛亮就笑呵呵地跟著論大勢。魯肅忍不住問劉備：「將軍要去哪裡？」

你說劉備要不要說：「我去找你們孫將軍，我要和他聯合。」

劉備才不這麼說呢。劉備說的是，我要去投奔蒼梧太守吳巨。魯肅一見劉備要投奔吳巨，連忙勸到：「孫討虜聰明仁惠，禮賢下士，英雄豪傑都來投奔，已據有六郡，兵精糧多，足以成大事！您為什麼不和我們孫將軍聯合呢？吳巨是個凡人，偏在遠郡，不可靠啊！」聽完魯肅的話劉備有什麼反應呢？史書上說了三個字「備甚悅」。這三個字很妙啊，劉備為什麼很高興呢？主要是魯肅著急了，主動提出聯合的要求，正中劉備下懷。

這樣一來，求助就變成了聯合！這個轉變對於劉備是至關重要的。

後來呢，《資治通鑑》記載說：「備用肅計，進住鄂縣之樊口。」大家注意前四個字，叫「備用肅計」，也就是說，劉備接納了魯肅的建議，進駐樊口。

大家想想，劉備自己沒有想法嗎？為什麼偏偏要用魯肅計？劉備這個舉動也可以理解為做出了一種姿態，就是一切都聽從魯肅的安排：你看，你不讓我去找吳巨，好，我聽你的；你讓我到樊口，好，我還聽你的，這個就叫做「變主動為被動」。這樣一來，所有人都會感覺到，是東吳想聯盟，東吳是受益者，他們理應擔當聯盟的更大責任。

通過把求助變成聯盟，在聯盟中變主動為被動的策略，諸葛亮幫自己的團隊找到了更大的迴旋餘地。

所以，在日常生活中，我們大家也要注意這些合作的細節問題。當我們遇到困難，特別需要別人幫助的時候，一定不能哭天搶地、生拉硬拽、哀求別人幫忙。幸福不是哀求出來的，成功不是哀求出來的，女朋友也不是哀求得來的。流淚下跪、哭天搶地只能把人家嚇跑。

求別人幫忙什麼的，我們真的要學學劉備這樣沉住氣，等對方說話，說完了，再引導對方看到自己的困難，然後再接受對方的建議，按照對方的安排做點事情。這樣，聯盟就穩定了。

可以說，以上這些劉備和諸葛亮做得不錯，不過所有這些還都僅僅停留在謀劃以及和魯肅交流的層面上。你想想看，這些東西，孫權能接受、能認可嗎？他要是不接受，那該怎麼辦？所以問題的關鍵是到底該如何勸說孫權，又有誰能擔當此任呢？關鍵時刻，還要靠諸葛亮。我們這位孔明先生在搞定魯肅以後，前往江東親自面見孫權，在說服孫權的過程中，他使用了自己的第三個妙招——

策略三
占據優勢，再提合作

上一節我們說過，其實，三國故事裡邊有兩個諸葛亮。一個是諸葛亮真身，體現著歷史的本來面目；另一個是諸葛亮的化身，就是《三國演義》小說塑造的諸葛亮，他濃縮著千百年來我們民族的經典智慧。

那麼，孔明先生是怎麼說服孫權的呢？我們先來看看《三國演義》中的化身智慧，「第四十三回 諸葛亮舌戰群儒」記錄了諸葛亮說服孫權這個精采的過程。其實諸葛亮舌戰群儒最主要的方法就一條，哪一條呢？就是：內容上非常講理，態度上非常不講理。

孫權在諸葛亮之前，先讓諸葛亮見自己手下的謀士，目的很清楚，就是想看看諸葛亮到底是真才還是假才，你要是連我的這幫謀士都說服不了，我根本就沒必要見你了。所以，諸葛亮面臨的是一次事關成敗的面試，對方是江東六郡八十一州的英才。說好了，可以得到幫助度過難關；說不好，別說得不到幫助，可能連小命也難保。而且還有一節很關鍵，就是這個面試，打分的是孫權。就算是對手個個滿意，孫權不滿意也是徒勞。

所以我們說，辯論的目的，不是要說服對手，而是為了展示才華給觀眾和評審看。這一點，從舌戰群儒剛開始的時候，諸葛亮就看到了。

話說魯肅引導諸葛亮到了堂上，早見張昭、顧雍等二十餘人整衣端坐正等著呢。那個年代也就是沒有電視直播，否則，這場辯論會的收視率一定能創造新高。諸葛亮是以一對二十，而且是以前途命運做抵押。那麼諸葛亮應該怎麼做呢？其實，諸葛亮有兩個路線可以走，一個是採取低姿態，說軟話賠笑臉，獲得多數人的同情，走可憐路線；一個是採取高姿態，嘴硬到底，在眾人面前句句較真，絕不讓步，走可恨路線。

大家想想，一般人求別人幫忙走哪個路線？肯定是低姿態，不說軟話怎麼行？但是人家諸葛亮就真沒這樣做。孔明先生聰明啊，他知道孫權是英雄，與英雄合作怎麼做？讓人可憐的人，只能做英雄的僕人；讓人折服的人，才配做英雄的夥伴！英雄不會選跪著的人做盟友。

所以，從進門那一刻起，諸葛亮就做好了準備，要和江東的謀士們舌戰到底，只有在氣勢上把他們壓倒，貶得一無是處了，罵得狗血淋頭，但又說得句句在理，這樣孫權才會給自己機會，江東才會給自己機會。

所以，諸葛亮「舌戰群儒」採取了一個基本招數「內容上非常講理，態度上非常不講理」。那麼什麼叫「內容上非常講理，態度上非常不講理」？到底是講理還是不講理呢？我們來看看孔明先生是怎麼操作的吧。

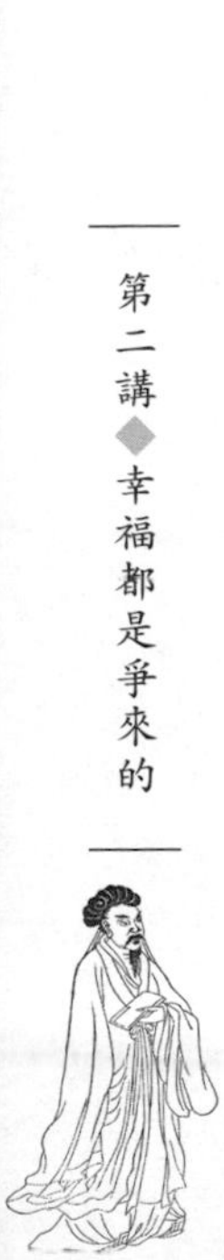

江東一辯是大名鼎鼎的謀士張昭，張昭採取的是迂迴策略，他上來先聊天一樣問孔明說：「久聞先生您高臥隆中，自比管仲樂毅，這個事是真的嗎？」

張昭（西元一五六—二三六年），字子布，彭城（今江蘇徐州）人。三國時期吳國重臣，著名政治家。官至輔吳將軍，謚曰文侯。

諸葛亮的方式就是你說大的，我一定說小，你覺得高，我一定說低。先反對再做道理，因此他立刻回到：「這是本人很尋常的小比較嘛，算不了什麼。」

張昭步步為營，不冷不熱地接著說：「我聽說劉備三顧茅廬請先生你出山，本來準備席捲荊襄九郡。但是，現在卻眼睜睜地看著嘴邊的肉就這麼都被曹操占去了，先生您心裡作何想法呢？」

張昭的意思是質問諸葛亮：您不是管仲樂毅嘛，既然有那麼大才華，怎麼劉備找了你，反而沒有得到荊襄九郡呢？你狂什麼狂！

諸葛亮面對責難，講了三個道理：「第一，我們取這塊地太容易了，就像翻手掌一樣容易，不是我們拿不到，而是我們主公劉備仁義，不忍奪同宗之基業，是我們主動推掉的；第二，曹操也不是憑實力得到荊州的，而是劉琮這個糊塗蛋聽信了奸臣言語，暗自投降造成的；第三，現在我們主公屯兵江夏，有更遠大的抱負，正準備大展宏圖，這可不是那些平庸等閒之輩能了解的啊。」

從上邊這一小段，大家可以看到，諸葛亮說話基本都是開始時無原則反對，接著再有理由說服；理性講道理之後，結尾又會來一兩句情緒化的貶低。這叫「講理在中間，蠻橫在兩邊」。這個很妙，說話時要想打擊對手，又讓他啞口無言，這個方法最有效了！果然，一下子就把溫和的張昭先生給惹怒了。

他有點激動地對諸葛亮說：「既然這樣，你孔明的言行就相違背了啊！第一，你先生自比管樂，人家管仲保齊桓公，九合諸侯，一匡天下；人家樂毅扶微弱之燕，連克齊七十二座連城，這兩位都是英雄人物。

可你老先生呢？我們大家看看，劉備沒得到你之前，尚能縱橫天下，割據城池；自從請到你，連吃敗仗，被曹操打得棄新野，走樊城，敗當陽，奔夏口，無容身之地，真是一敗塗地。為什麼你這一出山，不但沒有起好作用，反而把人家劉備搞得不如當初呢？請對方辯友解釋一下！」

孔明聽罷，輕蔑地看了對方一下，先給來了一句狠的，他怎麼說的呢？他說：「大鵬萬里翱翔，牠的志向哪裡是你們這群凡鳥能看出來的呀！」這話可有點狠，等於罵江東謀士都是凡夫俗子，都是鳥人啊！這還是前邊的老套路，「道理在中間，蠻橫在兩邊」。先把你貶下去再說。

接著，諸葛亮展開了一個精采的戰略分析：「第一，人得了重病，一定要先溫和調養，身體壯了有了本錢，再下猛藥跟疾病作正面交鋒！如果不看形勢，上來就下猛藥正面對抗，這屬於找死！我們兵少將少，屬於身體虛弱，所以不會魯莽地和敵人正面交鋒。審時度勢選擇策略，這是英雄！

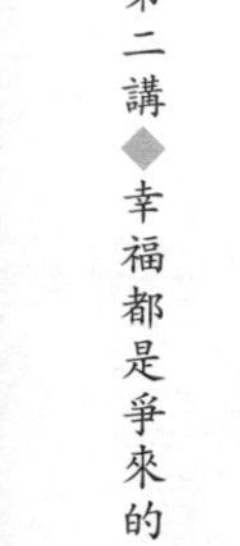

不考慮形勢，上來就玩命，那叫找死！

第二，即使在這樣劣勢的情況下，我們依然把夏侯惇、曹仁打得抱頭鼠竄，這就是管仲、樂毅的水準！

第三，劉琮降曹，我們的主公不忍乘亂奪同宗基業，這是大仁大義。當陽之敗，我們主公不棄百姓，和大家同生共死，這也是大仁大義。

第四，勝負乃兵家常事。從前高祖劉邦多次被項羽打敗，但是垓下關鍵一戰大獲成功。這些道理不是那些浮誇空談的人能明白的！那些人坐議立談，無人可及；臨機應變，百無一能。誠為天下笑耳！」

一番言語，說得張昭啞口無言。

不過這次，東吳給諸葛亮可是準備了大餐！張昭只是第一道菜，後邊還有三道呢，而且一道比一道麻辣！第一波張昭談戰略，第二波虞翻步騭談局勢，第三波薛綜陸績談出身，第四波嚴峻程德樞談學術。我們接著往下看。

張昭第一波正面進攻失利後，東吳一方開始了第二波攻擊。這次是謀士虞翻，他大聲說：「曹操兵屯百萬，將列千員，龍驤虎視，平吞江夏，公以為何如？」這次孔明採取了「不擴大戰鬥，只集中火力否定核心觀點」的方法。他說：「曹操手下都是袁紹、劉表的殘兵敗將，烏合之眾，雖數百萬不足懼也。」虞翻冷笑著問：「你們在當陽吃了敗仗，到夏口無路可走，現在來求我們幫忙，居然還敢說『不懼』，這明顯是說大話騙人啊！」

其實虞翻說得很實在，諸葛亮目前就是這個樣子。既然人家說的都是事實，你說承認不承認？不承認吧，顯得無恥；承認吧，顯得無能。怎麼辦都丟分，那怎麼辦呢？孔明使用了一個小技巧，其實面對這種無法反擊的指責，我們可以採取類似的技巧，什麼技巧呢？就是在無法回應的時候，最好的方法就是不回應，而是轉守為攻，把問題引到對方身上。所以，孔明微然一笑：「好，你虞翻說我們害怕曹操，可是各位看看我們幾千人都敢和曹操對戰，你們江東兵精糧足，而且有長江之險，反而想著屈膝投降，不顧天下人恥笑。從這一點上說，我們真的算不懼曹操啊！跟你們各位比，我們勇敢多了！」一句話就把虞翻噎回去了。

二辯虞翻退場，三辯步騭又上來了。步騭的問題很直接，他問：「孔明你是不是要學蘇秦張儀那些說客，來遊說我們東吳呢？」這個問題和前邊虞翻的問題一樣，說的是事實，不承認無恥，承認了無能。

孔明用的還是前邊的策略「轉守為攻」，回答不了的問題就乾脆不回答，直接轉化一個新問題，把對方打擊下去。所以，孔明很冷靜地說：「蘇秦張儀不光是辯士，人家更是豪傑，危難的時候可以挺身而出，不畏強暴，比那些欺軟怕硬、貪生怕死的人強多了，你們幾位還沒看到曹操大軍，光聽到幾句嚇人的話就要投降了，還敢笑蘇秦張儀嗎？」一下就說退了步騭。

第二波攻擊過後，緊跟著就來了第三波，專談背景出身問題。謀士薛綜問諸葛亮：「你覺得

曹操何如人也？」諸葛亮說：「曹操乃漢賊也，這個問題還有必要討論嗎？」薛綜說：「你說錯了，現在曹公已有天下三分之二，人皆歸心。劉豫州不識天時，強欲與爭，正如以卵擊石，安得不敗？」

一涉及人的問題，肯定是公說公有理、婆說婆有理，是糾纏不清的問題。對於糾纏不清的問題，諸葛亮的策略是什麼呢？就是不談問題，談人品！根本不糾纏問題本身，而是質疑提問者本身的立場和價值觀，在氣勢上壓倒對方。這個效果非常明顯。所以薛綜說完以後，孔明厲聲呵斥：「夫人生天地間，以忠孝為立身之本。曹操名為漢相，實為漢賊，拿著國家的俸祿，不思報效，反懷篡逆之心，天下共憤，人人切齒！你居然認為這樣的人是英雄，真是不忠不孝的無恥之輩！你連怎麼做人都不知道，還跟我談做人呢。你不配和我說話，快閉嘴吧！」說得薛綜滿面羞慚，不能對答。

一見此景，謀士陸績立刻站了起來，他是專門質問劉備出身的。他說：「曹操雖挾天子以令諸侯，畢竟是相國曹參之後。你們的劉備說是中山靖王後裔，卻無可稽考，眼見著就是織席販履的小商小販，何足與曹操抗衡！」

諸葛亮笑著說：「您就是在袁術座間偷橘子的陸績吧？」這個策略叫做揭傷疤，先揭對方的短處，打擊了他的囂張氣焰然後自己再說話。比如我們遇到一個口若懸河、氣勢如虹的對手，要壓倒他怎麼辦？我們可以借鑒諸葛亮的做法，先揭對方一個小短處，比如「首先提醒對方辯友，您褲子捲邊，襪子上有個洞，牙齒上還有個韭菜葉，公開場合要注意儀表，這是對評審和觀眾的尊重。沒有起碼的尊重，還談什麼做人問題？您自己先回去整理一下衣服吧。」這叫揭短戰術。

打擊完陸績的囂張氣焰，諸葛亮依然使用是前邊的策略，直接質疑提問者本身的立場和價值觀。他說：「曹操既為曹相國之後，世代為漢臣，現在犯上作亂，那就屬於不但是欺君也是欺祖，不但是漢室亂臣，也是曹氏賊子。我們的劉皇叔堂堂帝胄，當今皇帝按譜賜爵，怎麼能說無可稽考？而且高祖劉邦起身亭長，而終有天下，織席販履小商小販有什麼丟人的？這叫英雄不問出處。你整個是小兒之見，小孩子見識不足與高士共語！」陸績也鬧個大紅臉。

東吳第三波攻擊又失敗了，還剩下第四波兩個人，這兩位是專談學問的。第一個出場的是嚴峻，他說：「孔明所言，皆強詞奪理，均非正論，不必再言。且請問孔明治何經典？」

孔明對付這類問題，那就更有經驗了。他的打法就是根本不接招，你一接招，你說「我研究《論語》」，被人家牽著鼻子追問一句：「那請問《論語》第三章第五句是什麼？」一下就陷入被動了，諸葛亮的打法就是反客為主，直接否定對方的問題本身。他直接說：「請問對方辯友，你真覺得尋章摘句能成就大業嗎？各位看看伊尹、周公、姜子牙，還有張良、陳平，這些成就大事的人，有誰知道他們研讀的是哪本書？什麼專業？什麼學歷文憑？大英雄振興國家，以天下為己任，怎麼能夠在區區筆硯之間，數黑論黃，舞文弄墨呢？」一下就把嚴峻打回去了！

嚴峻剛坐下，程德樞又站了起來，大聲說：「你孔明好說大話，未必有真才實學，恐怕要被儒

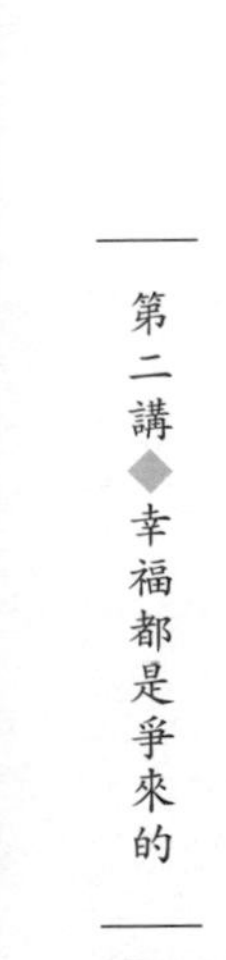

者恥笑啊！」這話的意思就是——你再能說再有口才，就算是上了「百家講壇」，我們這些學術權威照樣看不上你，你就是不行！

對於這類直接的否定，應該怎麼處理？是不是來個直接肯定，在那兒大聲說：「我行，我就行！我很行！」這叫自賣自誇，要是這麼說就顯得淺薄了。那換一種說法呢？跟他說：「你看不上我，我才不稀罕，你權威有什麼了不起，權威都是瘋子。」這樣說又會顯得狂妄自大，效果也不好。既然這兩個辦法都不行，那該怎麼辦呢？我們推薦一種方法，叫分類排除法，就是把權威分成兩種，告訴對方，高明的有思想有品格的都支持我，把那些不支持的人排除在外，說他們本身就有問題，他們不支持，恰恰說明我很好。我要被他們支持了，那說明我也有問題了。孔明先生用的就是這個策略。

他不慌不忙地說：「儒有君子小人之別。君子之儒，忠君愛國，守正惡邪，名留後世。小人之儒，舞文弄墨，雕蟲小技，筆下雖有千言，胸中實無一策。只要君子支持我就足夠了，小人支持我我會睡不著覺的！」程德樞一下也啞口無言了。

到這裡為止，我們的智慧化身孔明先生應對了四波七個人的質問和責難，表現得恰到好處，遊刃有餘。《三國演義》這段寫書為我們展示了面對質疑，回答挑戰性問題的高明技巧。不過這些都是前奏，老鼠拉木鍁——大頭在後邊，最重要的是說服孫權！那麼孔明先生是用什麼策略說服孫權的呢？

策略四

情緒上激發怒氣，利益上引導思考

我們說了《三國演義》中舌戰群儒一節，屬於化身智慧，展示的是辯論技巧。那麼接下來諸葛亮說服孫權，就屬於歷史真實了。在《三國志》和《資治通鑑》中都有記載，在柴桑，諸葛亮見到了孫權，孫權和前邊那些謀士不同，他不屬於要投降的那一派，他屬於正在猶豫和疑惑之際。諸葛亮對孫權說了一段決定性的話，憑藉這段言語，孫權終於決定聯合劉備北拒曹操。那麼諸葛亮到底是怎麼說的呢？我們來看一看。

史書記載，諸葛亮告訴孫權，希望孫將軍你根據形勢選擇策略，如果你能打，就早點動手；如果你不能，就乾脆早點投降算了。現在你表面上服從，暗地裡又猶豫不決。事急而不斷，災禍就要來了。

孫權（西元一八二—二五二年），字仲謀，吳郡富春縣（今浙江富陽）人。三國時期吳國的開國皇帝，西元二二九—二五二年在位。西元二〇八年，孫權與劉備聯盟，並於赤壁擊

> 敗曹操，天下三分局面初步形成。西元二一九年孫權自劉備手中奪得荊州，使吳國的領土面積大大增加。西元二二二年孫權稱吳王，西元二二九年稱帝，正式建立吳國。

諸葛亮在這裡很冷靜地和孫權分析了一個策略問題，這個分析在說服孫權的過程中起了關鍵作用。什麼策略問題呢？就是對於孫權來說，保持中立到底好不好。你看，一般人經常會採取觀望策略，你們兩個打架，我不表態，我中立，既不支持你，也不支持他，這不挺好嘛！其實各位細想想，中立策略是相當被動的策略。

你注意，無論支持哪一方，你都會有一個朋友；如果你中立觀望，那麼你可能有兩個敵人，你沒有朋友；一旦這兩個敵人達成聯盟，那麼第一個倒楣的就是中立的人。

所以諸葛亮告訴孫權，既然早晚要選一邊，你孫將軍要馬上選，無論選哪邊都可以，但是你要是不選，你就被動了，會兩邊都失去的。

這是一個很高明的方法，勸別人的時候最要緊的是放下自己的立場，首先站在對方的角度考慮問題。這叫做把屁股坐在對方的椅子上，然後再勸說。

那孫權就問了說：「既然這樣，你家主公劉備為什麼不投靠曹操啊？」

這次諸葛亮使用了激將法，他慷慨激昂地說：「我的主公劉備，是大漢皇族的後人，英才蓋世，天下人都仰慕，就像河流奔向大海一樣！就算事業不成，也是天意，我們絕不投降！」

這是在展示自己的軟實力，同時使用激將法！孫權立刻就中招了，他也慷慨激昂地說：「我有六郡八十一州，十萬之眾，絕不能受制於人。我抗曹的決心也早定了！」

不過孫權還是有點沒底氣，他問諸葛亮：「你們剛剛才吃了敗仗，還有力量抗擊曹操嗎？」這次，諸葛亮給孫權吃了定心丸，他怎麼說的呢？諸葛亮使用了三個層次的說服策略：

一是擴大自己。他說，我們雖在長阪坡吃了敗仗，但是手裡還有一萬多精銳，公子劉琦在江夏的隊伍也有萬人以上。

二是縮小敵人。他說，曹操遠道前來，部隊疲憊不堪，騎兵一日一夜要走三百餘里，戰鬥力大打折扣。

三是判斷客觀條件。他說，北方之人，不習水戰；而且荊州之民投降曹操，都是形勢逼的，並不是真的心服。

最後才得出結論，如果你孫將軍安排一員猛將統兵數萬，和我們同心協力，一定能戰勝曹操。一席話說得孫權大悅，一下就轉變了觀望猶豫的態度。西元二〇八年十月，孫權派遣周瑜統兵三萬，在赤壁排開陣勢，一場影響歷史的空前大戰就這樣拉開了帷幕。

劉備抓住赤壁之戰的有利時機，終於擺脫了被動局面，迎來了事業的轉機。到後來，得荊州，取西川，奪漢中，大展宏圖。我們前邊說過，大事業的成功，首先是用人的成功！強有力的幹部隊伍是事業成功的基礎。而劉備的幹部隊伍成分是相當複雜的，從背景看，既有創業班底，又有荊州團隊，還有西川降者；從工作方式上看，有穩重的，有冒進的，有戰略型的，也有執行型的；從感情上看，有朋友中來的，也有對手中來的，有順眼的，也有不順眼的。這樣一個龐大的幹部隊伍，應該如何梳理，如何安排？怎麼才能做到人盡其才、能崗匹配呢？面對這個挑戰，孔明先生採取了哪些對策呢？請看下一講。

第三講

不拘一格用人才

東漢建安十五年，也就是西元二一〇年的春天，在荊州治下耒陽縣的縣衙裡，三將軍張飛張翼德正在大發雷霆，大嗓門震得整個縣衙的廳堂都嗡嗡的，嚇得周圍的人一聲都不敢吭。張飛對面是一個醉漢，只見此人衣衫不整，歪帶著帽子，腰上的帶子也沒繫，一張黑臉，方下巴短鬍子，濃黑的眉毛小眼睛，鼻孔有點翻，滿嘴的酒氣，站在那裡左搖右晃，樣子十分滑稽。雖然張飛發這麼大火，但是此人毫不在乎，瞇縫著眼睛，嘴角似笑非笑，把張飛給氣得滿臉通紅，直喘粗氣！

在張飛的職業生涯當中，從來都是他喝醉酒藐視別人，沒想到今天居然也遇到了一個膽敢喝醉酒藐視他張三爺的人。要不是旁邊的孫乾先生使勁拉著，張飛今天非上去揍這傢伙一頓不可。

那麼究竟是什麼人敢在張飛面前如此放肆呢？這個人不是別人，他就是大名鼎鼎的鳳雛先生龐統龐士元。我們知道，三國時期「伏龍鳳雛」齊名，伏龍說的是諸葛亮，鳳雛說的就是這位龐統。

> 張飛（？—二二一年），字益德（《三國演義》、《華陽國志》中字翼德），涿郡（今河北涿州）人，三國時期蜀漢重要將領。官至車騎將軍，封西鄉侯。

那麼龐統為什麼把張飛氣成這個樣子呢？根據《三國志》記載，此時的龐統身分是耒陽縣的縣令，地方上的父母官。三國時期的耒陽屬於零陵郡管轄，西元二〇八年劉備在赤壁之戰勝利後，兼併了零陵郡，耒陽成了劉備管轄下的一個縣。這一年的春天，張飛來到了耒陽，他的身分是四方巡察使，劉備授權他專門負責考察基層幹部的工作。

按照今天我們的理解，上級檢查團來了，你一個地方官還不得整頓市容，列隊等候，搞個隆重的歡迎儀式，然後款待上級領導嘗嘗地方美食，然後再來一個嚴謹周密的工作彙報。可你看看這位龐統龐縣長，非但這些基本動作一個都沒有，而且還膽大包天地喝酒帶醉，戲弄張飛，藐視檢查組，這還了得！那龐統為什麼對上級檢查組膽敢如此傲慢無禮呢？

原因很簡單，龐統認為自己受到了不公正的待遇。本來龐統豪情萬丈來投奔劉備，指望也像諸葛亮那樣如魚得水，大展宏圖。沒想到劉備以貌取人，給他一個百里小縣。龐統想的是，連曹操見自己都恭敬有加，因為自己看不上曹操這樣的奸雄，所以才來投奔劉備，沒想到素以愛才著稱的劉備，對自己的態度如此的冷淡，還不如奸相曹操呢！

那麼我們禁不住要分析一個問題了，劉備為什麼會看龐統不順眼呢？

> 龐統（西元一七九—二一四年），字士元，荊州襄陽（今湖北襄樊）人。東漢末年劉備帳下謀士，官拜軍師中郎將。才智與諸葛亮齊名，道號「鳳雛」。

原因也很簡單，因為龐統不光有一個讓人討厭的長相，而且還有一副讓人討厭的臭脾氣。性命性命，性格就是命運。這句話在龐統身上體現得簡直是淋漓盡致。

單從一個簡單事情上，我們就能看出龐統的問題。在三國人物裡邊，這些高人求職找工作，同時見過曹操、孫權、劉備三個CEO的，恐怕也只有龐統一個人了。而且，這三個CEO雖然性格不同、為人處世方式迥異，但是他們比較一致的是對龐統的印象都不怎麼好。如果說一次倒楣是偶然，兩次倒楣是偶然，次次都倒楣，那就一定有倒楣的必然。這個必然體現在龐統身上，就是他的性格傲慢無禮，什麼話難聽就說什麼。

我們前邊談到，人家諸葛亮的求職策略是高調出場，低調見面，讓別人說自己好，自己謙虛。這樣做既有面子又有情分，多好啊！龐統先生正好相反，他屬於低調出場，高調見面，死乞白賴要和人家見面，一見面又傲慢無禮，專說刺耳的話。《三國演義》中有孫權見龐統的一段描寫：

權見其人濃眉掀鼻，黑面短髯，形容古怪，心中不喜。乃問曰：「公平生所學，以何為主？」統曰：「不必拘執，隨機應變。」權曰：「公之才學，比公瑾如何？」統笑曰：「某之所學，與公瑾大不相同。」權平生最喜周瑜，見統輕之，心中愈不樂，乃謂統曰：「公且退。待有用公之時，卻來相請。」

所以龐統是典型的那種有才華但是不討人喜歡的人，給領導者的第一印象非常不好。現代心理學研究，在快節奏的社會生活當中，見面頭三分鐘形成的第一印象在人和人的交往過程中起到了關鍵作用，如果這個第一印象不好，那恐怕是沒有機會改善的。

《三國志・龐統傳》中記載，劉備對龐統本來印象就不好，再看到他喝酒誤事不好好幹工作，禁不住大怒，乾脆把龐統的職務給免了。

說到這裡，我們要說說劉備了。俗話說：金無足赤，人無完人。誰還沒點毛病？單憑一個簡單的印象，就把這麼大一個才子給冷落了，這說明劉備用人的方法有點問題。

選人，不能光看順眼不順眼，尤其是重要崗位的關鍵人才，一定要全面考察仔細斟酌。如果說劉備一直按照順眼不順眼這個套路去選人的話，事業恐怕就要出現危機了。所以關鍵時刻還得看諸葛亮。龐統的問題出現以後，孔明先生幫劉備出了幾個點子，很好地解決了這個問題，達到了不拘一格用人才的效果。

像龐統這種人可不是少數，我們身邊也有很多人屬於這個類型，三國裡劉備後來遇到的法正、張松等人，也屬於這個類型。這種人的特點是什麼呢？就是看著不順眼，性格有問題，但是確實有才華。那麼這種人才到底該怎麼管呢？諸葛亮有三條特別成功的策略值得我們學習。

策略一　放水養魚

《三國志》和《三國演義》都同時記載了龐統被貶這一事件，劉備以龐統在縣不治為由把龐統耒陽縣令的職務給免了。

得到這個消息以後，東吳魯肅給劉備寫信說：「龐士元非百里才也，使處治中、別駕之任，始當展其驥足耳。」魯肅寫信的時候，周瑜已經去世了，魯肅剛剛接替周瑜，成為坐鎮一方的軍事主將。這時候的魯肅，說話要比當初有分量多了。

各位記得，當年諸葛亮出山的時候，先後有司馬徽、黃承彥、徐庶等人出面稱讚諸葛亮，他的才華才最終得到了認可。這是諸葛亮的聰明之處。

而龐統就沒有借助這方面的力量，龐統來見劉備的時候，本來懷揣著魯肅和諸葛亮的推薦信，但是卻不肯拿出來給劉備看。龐統的求職思路是——我不靠專家推薦，我也不低姿態，我也不展示才華，我就憑一副傲慢的腔調打天下。大家想想，你長得醜不是你的錯，你長得這麼醜還出來惡心人，那就是你的不對了！你要是遇到這樣一個找工作的人，你願意要嗎？肯定不要啊。

這件事情也告誡我們，要想獲得周圍人的認可，專家或權威的推薦一定是必不可少的。而且即使有專家推薦也要注意保持低調，絕不能太傲慢。

我們再把話題拉回來，經過魯肅這一說，劉備的態度有點改變了。緊接著，諸葛亮下基層回來了，見了劉備，諸葛亮先問：「龐軍師最近很好吧？」

大家注意諸葛亮的用詞很有意思，人家可沒說龐縣令，人家說的是龐軍師。從這一點可以得到一個信息——諸葛亮根本不知道劉備把龐統打發到偏遠地區當縣令這件事情。

這句話反映出諸葛亮有兩個沒想到，一是沒想到龐統這麼傲慢，不但不拿推薦信出來，而且還得罪了領導。二是沒想到劉備憑第一印象就把龐統給貶到耒陽去了。

那麼，諸葛亮對這件事情是怎麼說的呢？他說：「士元非百里之才，胸中之學，勝亮十倍。亮曾有薦書在士元處，曾達主公否？」

大家看看，諸葛亮也在強調龐統是萬里之才，但是他做不了百里之事。孔明這個意見和魯肅是一致的。關於萬里之才做不了百里之事這個人才理念，我們這裡想多講幾句。

大家都知道東漢年間的一個典故——東漢時有一個少年名叫陳蕃，自命不凡，一心只想幹大事業。一天，好友薛勤來訪，見他的院內又髒又亂，便對他說：「孺子何不灑掃以待賓客？」陳蕃回答說：「大丈夫處世，當掃天下，安事一屋？」薛勤當即反問道：「一屋不掃，何以掃天下？」

這個典故引出了一個著名的人才話題：掃一屋和掃天下的關係。

我們認為，人才有三類，第一類是既能掃一屋又能掃天下，大事小事都做得很好。我們把這個類型的人才稱為通才。比如諸葛亮就是這個類型的人才，軍事、外交、民政都搞得很好。你安排他做什麼工作都能取得顯著成績。這樣的人很棒但是也很難得，屬於鳳毛麟角。

第二類就是只能掃天下，不能掃一屋的人才，我們稱之為專才。這類人的技能有明顯的局限性，只能幹好一個方面的工作，幹大的就幹不成小的，幹這件卻幹不成那件。管理這種人才，有一個關鍵的要點，這個要點是什麼呢？就是一定不要憑他過去幹得好還是不好，就給他下定論一棍子打死！因為這種人最需要的是合理安排，倘若安排到不合適的崗位，他可能會很平庸，但是絕不能因為他很平庸，就把他給淘汰了開除了。評價這類人才一定要先看安排，再評價業績。安排不對不出成績，安排對了大放光彩。龐統就屬於這種人才。所以諸葛亮和魯肅都建議劉備，不要因為龐統沒有做好一個縣的事情，就斷定他沒有才華，其實不是人家沒有才華，是你安排得不對。

我們在現實生活中也會看到很多類似的現象。領導往往因為一個人過去有一個崗位或一項工作沒幹好，就斷言這個人沒本事，不能用。就這樣給定性了，豈不可惜！要知道，痰盂再好不能盛米飯，瓦壺再破可以沏龍井。一件東西一個用場，一個人一個舞臺。有用沒有用，其實完全看如何安排。所以，通才好用，專才難用。

第三類人才是只能掃一屋，不能掃天下的人才，我們稱為平才。這類人才的特點是小事情會做得很好，你讓他擦桌子掃地清潔，他能做得特別棒，但是讓他獨當一面挑大梁，可能就會出大問題。這類人只能給榮譽、當勞模，不能給權力、挑重擔，因為他不具備做大事的能力。

劉備在孔明的勸說下，恍然大悟，隨即令張飛往耒陽縣請龐統到荊州。史書上用了六個字描述劉備和龐統見面的情景，叫做「與善譚，大器之」。隨後拜龐統為副軍師中郎將，與孔明共贊方略，教練軍士。

說到這裡，我們要做一個簡單的總結，像龐統這類專才型的人才應該怎樣使用呢？技巧就是放水養魚。小池塘養小魚，大池塘養大魚，給人才一片水窪，他只能是吐泡泡的泥鰍，給他一片海洋，他就可以成為呼風喚雨的蛟龍。做大事的人，一定要有給別人準備天空和海洋的胸懷和氣魄！

管理智慧箴言

給人才一片水窪，他只能是吐泡泡的泥鰍，給他一片海洋，他就可以成為呼風喚雨的蛟龍。

龐統成為軍師以後，終於有了自己施展才華的空間，他給劉備出的第一個主意就是取西川。在取西川問題上，孔明的態度也很明確——支持！不過在具體執行過程中，孔明又巧妙地運用了第二個策略。

什麼策略呢？叫做分槽餵馬。

策略二　分槽餵馬

《三國志》裴注引用《九州春秋》的記載說：龐統當了軍師以後，就勸劉備說：「荊州荒殘，人物殫盡，東有吳孫，北有曹氏，兩面受敵，不利於發展。現在益州國富民強，戶口百萬，物產豐富，可以成大事！」

劉備卻很猶豫，說：「我和曹操是水火不相容的對手，我每件事都和曹操相反。他用急，我就用寬；他用暴，我就用仁；他用詭計，我就用忠信。只有這樣，大事才能成就。現在不能為了小利，取同宗基業失信義於天下，我可不能做。」

各位看看，劉備確實是個特別重視聲譽的領導者，把名聲看得比性命還要緊。這是一種樸素的品牌觀念。用現代眼光看，我們這位劉皇叔是十分看重品牌美譽度的領導者，他懂得無形資產的價值啊！這一點值得我們現代社會的很多人去學習。

看到劉備這麼固執，龐統就勸說劉備：「現在天下形勢變化無常，不能用一個策略定天下，一定要因時而變！我們用計謀得到了，再用仁義守住，有何不可。你要心疼你那個本家兄弟，等你得了天下，封一大塊土地給他不就成了。現在你要是不出手，被別人搶了先，咱們可就被動了啊！」

通過這個對話，我們可以看到龐統的思維特點：就是不死板，善於變通，不會被條條框框束縛住。這是典型的創新思維特徵！恰恰是劉備集團所最缺乏的。

在利益和道義問題上，劉備用的是對立思維，認為利益和道義是對立的；而龐統用的是同一思維，龐統認為兩者可以兼得，並不矛盾。換句話說，在龐統看來，掙錢與實現遠大理想、服務國家和社會一點也不矛盾，而且一旦有了錢，還可以更好地奉獻嘛。與其抱著死板的條文可憐巴巴等別人救濟，不如主動出手獲得實惠還可以去救濟別人呢！

在龐統的勸說下，劉備決心揮師入川。那麼伏龍、鳳雛兩位先生，是都帶了去，還是帶一位去呢？在這個問題上，人家諸葛亮早替劉備想好了！

大家看《三國演義》第六十回「張永年反難楊修　龐士元意取西川」一章當中，有個特別意味深長的小段落。

劉備在聽完龐統的一番道理後，做恍然大悟狀，說：「金石之言，當銘肺腑。」於是遂請孔明，同議起兵西行。

大家注意，劉備和龐統商量取西川的事情，諸葛亮是沒有參加的，他採取了迴避的態度。劉備把諸葛亮請來以後，您猜孔明先生對取西川怎麼說？他說的是：「荊州重地，必須分兵守之。」

大家注意，別人說的是進取的事情，孔明先生說的是看家的事情。劉備說：「那正好，我帶龐

統、黃忠、魏延前往西川；軍師你帶人看家吧。」孔明就欣然應允。說到這裡，我們要分析一下了，各位，孔明主動要求看家，其實不光是從軍事出發的一種戰略眼光，更是從人事出發的一種人才策略。這個策略就叫做分槽餵馬。

什麼是分槽餵馬的策略呢？我來給大家舉個例子。說農場裡有個老先生，養了兩匹千里馬，準備賣錢。結果養了一段時間發現，這兩匹千里馬不吃草不吃料，渾身掉膘，而且身上還有傷痕，這下子老先生可急了，有問題找專家，趕緊把馬博士請來了。馬博士來了一看，說：「你這個不對啊，哪有你這麼養馬的！」

老爺子問為什麼不對，馬博士說：「這千里馬本事大，脾氣急，互相不服，在一起吃草的時候，互相爭搶，你踢我咬，不但不上膘，還會受傷。你呀，一定要把食槽分開，一分為二，中間隔開，讓他們一人一個空間，各吃各的，保證沒幾天就膘肥體壯。」果然，按照馬博士的方法去做，沒幾天兩匹馬膘肥體壯，賣了好價錢。這個策略就叫做：不要讓兩匹千里馬一個槽吃草，不要安排兩個能人同時做一件事。如果安排他們同時做一件事，他們明著不爭暗裡爭，就算他們自己不爭，他們的下屬、他們的粉絲還要爭呢！所以一定要把他們分開。鐵路警察，各管一段。

大家注意，《水滸傳》中也有這種智慧。你看，每次開兵打仗，都是宋江帶吳用領一支人馬，盧俊義帶朱武領另一支人馬。這就叫做兩匹千里馬不要在同一個槽頭吃草，兩個英雄不要同時做一件事情。

管理智慧箴言

兩匹千里馬不要在同一個槽頭吃草，兩個英雄不要同時做一件事情。

大家注意，這個策略還有另一半。話說農場的老爺子把馬賣了，養了兩隻小豬，本來準備養肥了賣錢，結果過了些日子就發現，這兩隻小豬也不吃東西，日漸消瘦。老爺子就急了，有問題找專家，就把朱博士給請來了。朱博士來了就急了，說你糊塗啊！豬圈又不是你們家客廳，你為什麼隔斷呢？老爺子說馬博士讓我分著養的，朱博士說，不對，別聽他的！你一定要把隔斷去掉，食槽合起來才行啊！老爺子就問了，這是為什麼呀？朱博士說，你沒聽說嗎？一隻豬不愛吃，兩隻豬爭著吃，三隻豬搶著吃，一群豬往死裡吃。只有在競爭中，才能增加他們的食欲，促進他們的成長啊！老爺子一拍大腿說，嗯！有道理啊！果然，合了食槽後，小豬吃東西你追我趕，沒幾天，膘肥體壯又賣了好價錢！老爺子賣了錢，開始反思了，兩個專家，一個說分，一個說合，那到底是分還是合呢？想不出來怎麼辦？最後開了一個豬馬論壇，經過討論，專家得出了一致結論——看對象。

對於不能幹也不想幹的員工，一定要讓他們好幾個人負責一個任務，在競爭中促進他們成長；而對於能幹又想幹的千里馬型的員工，就得把他們分開，讓他們一人一攤活。這個策略就叫做分槽餵馬，合槽餵豬。

諸葛亮主動要求留守，把進川的任務留給龐統一個人擔當，這個做法是非常有技巧的。一方面從戰略上考慮，需要有人留守看家；另一方面從人事上考慮，選擇和龐統分開，各管一路，這有利於發揮各自的作用，共同為實現整體目標做貢獻。

有才華的人性格往往怪異。龐統是不愛做小事的人，法正心胸有點窄，還有一個才子在劉備的團隊中也屬於相當另類的人，此人叫劉巴。劉巴的特點是心高氣傲瞧不起人，而且直接瞧不起的就是劉備本人。對於這樣比較傲慢的才子，諸葛亮是如何管理的呢？這就引出了諸葛亮的第三個人才策略，叫做築巢引鳳。

策略三

築巢引鳳

劉巴，字子初，零陵人，少有才名。荊州牧劉表屢次要聘用他，都被拒絕了。赤壁之戰前夕，曹操到了荊州，和劉備對峙，以諸葛亮為代表的地方才子，投奔劉備的非常多，唯獨劉巴比較另類，捨了劉備卻投了曹操。

劉備對劉巴有五恨，這第一恨就是當荊州人才人人俯首、個個歸心的時候，劉巴卻捨棄自己，投奔曹操。

劉巴，漢末荊州零陵烝陽(今湖南邵東)人，字子初，是荊州世家名人。劉巴才名昭顯，劉表、劉璋、曹操都想招攬他作為下屬。劉備入川後也拋棄前嫌，重用劉巴。劉巴清廉守己，為蜀中重臣。

這第二恨是：劉巴不光自己投奔曹操，而且還代表曹操到南方招降長沙、零陵、桂陽三郡，企圖抄劉備後路，幸好火燒赤壁，曹操戰敗北歸，劉巴才沒有得手。

這第三恨是：曹操失敗以後，劉巴正好在零陵，諸葛亮當時也在零陵，孔明比較大度沒有記恨劉巴，而是捐棄前嫌，寫信給劉巴希望說服他歸順，結果被劉巴斷然拒絕。史書記載：「先主深以為恨。」

這第四恨是：後來，劉璋迎劉備入川，這個時候劉巴已經成了劉璋手下，他又站出來和劉備作對，說劉備是梟雄，來了就要出問題。等到劉璋派劉備去葭萌關抗擊張魯，劉巴又阻止說：「如果讓劉備討伐張魯，就是把老虎放到山林裡啊。」

這第五恨是：劉備包圍成都，很多人想歸順，劉巴卻支持劉璋拚死一戰！

劉備手下恨劉巴的人可不在少數。占領成都以後，劉備生怕手下人要了劉巴的性命，提前在軍

中下令：「有傷害劉巴性命的，要全家抵命。」後來劉巴終於歸降。

在所有三國人物裡邊，能這樣完全徹底、義無反顧地和劉備對抗到底的人才，恐怕也找不到第二個人了。連劉備自己都很納悶，想不明白劉巴為什麼這樣反對自己。

後來有一件事情讓劉備終於找到了原因。有一次，張飛和劉巴套近乎，來見劉巴，劉巴居然大模大樣地往那裡一坐，根本就不搭理張飛，張飛十分憤怒。

諸葛亮對劉巴說：「張飛雖然是軍人，但是敬慕您劉先生。現在我們主公收合文武，以定大事，團結一心是很重要的。您先生應該別那麼清高，也和他們交往交往啊。」

劉巴卻傲慢地說：「大丈夫處世，當交四海英雄，怎麼能和這些粗人大兵共語呢？」

大家注意，在漢代，讀書人是很清高的。他們往往瞧不起出身貧寒的普通人，更瞧不起舞槍弄棒沒有什麼文化的軍人。

從對張飛的態度中，我們看出來了，劉巴之所以這麼反對劉備，原因很簡單，用現在的話說，就是看不上劉備出身卑微，還有就是沒有高學歷。

就是這麼一個趾高氣揚、目中無人的劉巴，諸葛亮卻十分推崇他。史書上說，亮曰：「運籌策於帷幄之中，吾不如子初遠矣！」

對於劉巴這樣的人該怎麼管呢？劉備給了寬容、給了待遇、給了職位，但是劉巴仍然不為所動。

我們經常聽身邊的人說：「在一起這麼久了，我把心都掏給他了，他怎麼就不感動呢！」其實，道理很簡單，了解一個人就是了解他的需求，感動一個人就是滿足他的需求。了解需求，滿足需求，這個人自然就會死心塌地跟你在一起。

管理智慧箴言

了解一個人就是了解他的需求，感動一個人就是滿足他的需求。

那麼像劉巴這種清高的人到底需要什麼？我們可以從一個典故中看到奧妙。

《莊子・秋水篇》記載了一個典故，說惠子相梁，就是說惠子在梁國當宰相，莊子去看望他。有人告訴惠子說：「莊子到梁國來，想取代你做宰相。」於是惠子非常害怕，在國都搜捕了三天三夜。莊子前去見他，對惠子說：「南方有一種鳥，牠的名字叫鵷雛，你知道牠嗎？鵷雛從南海起飛飛到北海去，不是梧桐樹不棲息，不是竹子的果實不吃，不是甜美的泉水不喝。在這時，一隻貓頭鷹拾到一隻腐臭的老鼠，鵷雛從牠面前飛過，貓頭鷹仰頭看著牠，怕牠搶食，發出『嚇』的怒斥聲。現在你也想學那個貓頭鷹，用你的梁國來『嚇』我嗎？」惠子聽後很慚愧。

在這個典故當中，莊子就是清高才子的典型代表，他把高官厚祿、榮華富貴看得和腐敗惡心的臭肉一樣，根本不屑一顧。他需要的是梧桐樹，是竹子的果實和清甜的泉水。

什麼是梧桐樹？就是有意義的職位和崇高的事業；什麼是竹子的果實和清甜的泉水？就是清廉、恬淡而充實的生活。

劉巴也是這種人，他需要的不是感情，不是職務。劉巴這種才華橫溢、清高自持的人才，最需要的是一份能充分發揮才能，讓他感到有意義的事業，這個叫做築巢引鳳，即用一份有意義的事業留住人才。

諸葛亮對劉巴這種人才的基本策略就是：「抬起來，不打擾。」

首先把他放到自己最擅長的崗位上去，充分發揮，放手使用。在諸葛亮的建議下，劉巴在蜀漢政權裡先擔任了尚書，後來在法正去世後，又擔任了尚書令的高官，主要負責政府工作。那有人就說了，劉巴以前和我們那麼作對，萬一給了他職務，他乘機造反搞陰謀怎麼辦？其實劉巴這樣的人，不是陰謀小人，有問題也會爆發在當面，所以根本不必擔心他搞小動作。你越信任他、尊重他，他越不會做出格的事情。而且，一旦把老百姓的事情交給他，他就算辜負領導，也絕不會辜負事業、辜負老百姓的。

其二，就是讓劉巴有充分表達自己的機會。《三國志》上說：「先主稱尊號，昭告於皇天上帝后土神祇，凡諸文誥策命，皆巴所作也。」就是說蜀漢立國，相關的重要文件全是劉巴寫的。一開始，我們都以為蜀漢立國，是諸葛亮一手操持的，孔明文筆又那麼好，肯定重要文件都是孔明先生自己寫的，其實根本不是。

為什麼讓劉巴寫呢？讓劉巴寫有三個好處：

一是吸引人才，劉巴是清高的大才子，由他來寫，可以吸引更多平時吸引不來的人才，加入蜀漢事業。

二是顯示胸懷，連劉巴這麼死硬的對手，最後都為蜀漢寫立國文書了，你看看，我們的事業是多麼有號召力啊！

三是增加投入，把這麼重要的任務交給劉巴，讓他充分發揮自己的才華，就能提升他對我們事業的認同，他以後會更加努力地工作。

劉巴這樣的幹部，還有一個很典型的特點，就是不喜歡平時你來我往的應酬。

今天，很多人都喜歡下班以後大家在一起聚一聚，吃飯啦，喝茶啦，結伴自駕遊啦，或者小飲幾杯，或者去高歌一曲，這樣一來，生活豐富多彩了，彼此的感情也融洽了。

但是，像劉巴這樣的人最不喜歡的就是這種應酬。這是他的性格，也是他的生活方式。作為領導，要理解和尊重他們，不可以強求。

這一點，孫權有一段話說得很好。《三國志》裴注記載，曾經有一次，張昭和孫權議論劉巴，張昭說劉巴這個人太傲氣，看不上別人，連張飛這樣的大人物都敢怠慢，太過分了一些。

孫權卻說：「要是讓劉巴結交俗人，取悅領導，他還能被稱為高士嗎？」可以說，孫權說到重點了。

狼行成群，虎行落單。鳳凰的巢穴就是要高一些，不和其他的鳥混雜。高人，往往也是人際關係比較淡薄的人。我們切不可一味強求，更不能以他不愛參加應酬為依據，就評價他為人處世有問題。

諸葛亮準確地抓住了龐統、劉巴這樣的特殊人才的特殊心理，為劉備爭取到了寶貴的人才資源。

劉備要進兵西川，新的問題就產生了：西川道路崎嶇，山川險要，而且沒有敵人的兵力分布圖，怎麼辦？進川之前，最需要的就是一張詳細的西川地形圖。人要走運的時候，真是想什麼來什麼，就在劉備和諸葛亮、龐統等人開始惦記西川的時候。地圖自己送上門來了。

有人說了，地圖又沒有長腿，它是怎麼自己送上門的呢？這就引出了諸葛亮的第四個人才策略，叫做躬身接水。

策略四
躬身接水

《三國演義》中有一段佳話，話說常勝將軍趙子龍這一天忽然接到將令，派他前往許昌過來的路上去接一位貴客。子龍將軍納悶呀，曹操剛被我們打敗，從他那裡能來什麼貴客呢？孔明先生交代說是西川來的，子龍就更納悶了，西川來的客人，怎麼會從許昌那邊過來？這個道繞得也忒遠點了。

趙雲帶著滿腹狐疑，帶了五百軍馬，來到了荊州邊界，專等貴客到來。那個年月，通信手段不發達，根本沒有我們今天的手機，打個電話說我到涿州啦，還有半小時進北京，你在西客站南廣場等我啊。這多簡單。可是那個年頭沒有這些，根本沒辦法和客人聯繫，只有一個字——等！

> 趙雲（？—二二九年），三國常山真定（今河北正定南）人，字子龍。初從公孫瓚，後歸劉備。曹操取荊州，劉備敗於當陽長阪坡，他力戰救護甘夫人和劉備兒子劉禪。他曾以數十騎拒曹操大軍，被劉備譽為「一身都是膽」。

趙雲耐心等了幾日，忽然前邊報信的軍校來報，客人來了。趙雲急忙整頓身邊五百軍馬，整整齊齊列開陣勢，自己則催動胯下馬往前邊迎上來。

趙雲見的人可以說是不少了，但是見到對面來的這個人，還是被驚了一下。只見這個人生得五短身材，身高不滿五尺，趙雲身高八尺，對方只有趙雲的一半多一點，往臉上看，長得尖腦袋窄腦門，鼻子朝天牙齒外露，樣子有點滑稽，活脫好像《封神演義》裡邊的土行孫。

不過趙雲是有分寸的人，雖然被對方的樣子給「驚」了一下，依然規規矩矩下馬插手行禮。您猜這個來人是誰？是什麼人能讓趙子龍這樣恭恭敬敬呢？

這個人可了不得，他在三國時期，是一個承前啟後的人物，對劉備集團後來的發展產生了至關重要的影響。

他的名字叫張松，字永年。這次張松其實並不是到荊州來見劉備的，而是到許昌去見曹操的。他給曹操帶去了兩份厚禮，一份是劉璋送給曹操的，劉璋為什麼要送禮物給曹操呢？因為漢中張魯要起兵攻打劉璋，劉璋希望能借助曹操的勢力對抗張魯。另一份禮物呢，則是張松個人給曹操準備的。有人說了，張松和曹操是舊相識嗎？不是！是同鄉、鄰居嗎？也不是！那張松大老遠給曹操準備什麼禮物呢？這個要從張松目前的處境說起。

> 張松（？—二一二年），字永年，蜀郡（今四川成都）人。東漢末年益州牧劉璋部下，官至益州別駕。劉備入蜀時曾與法正、孟達等人一同密謀歸降劉備。後企圖勸劉備進兵，事發後被劉璋所斬。

張松是個有才華有大志的人，比較有野心，但是在劉璋手下只做了一個小小的謀士，他很不甘心，而且他看到劉璋這個人軟弱無能，沒什麼出息，跟這樣的領導混，能有什麼前途呢？在大樹下邊，至少能長成小樹；在小草下邊，只能長成苔蘚。張松下定決心要跳槽，另投高人，尋求更大的發展，他相中了曹操。為了獲得曹操的認可，他給曹操準備了一份大禮，什麼大禮呢？就是整個西川的軍事地形圖。

各位，這個圖的意義非同小可！當時的西川，地形複雜，道路艱險，加上劉璋父子經營多年，可以說易守難攻，很多地方別說打仗，連進攻的路都找不到。有了這張軍事地形圖，就可以減少很多周折，保證在最短時間內占領西川。

張松表面上是劉璋的使臣，給劉璋做說客，其實是帶著地形圖這份大禮，給自己做說客。他滿以為曹操會熱情接待自己，沒想到，竟然在許昌受到了空前的冷遇。曹操因為張松相貌醜陋、態度傲慢，根本就不理睬張松，最後還給張松來了一個亂棍打出！

張松本來是抱著熱火罐來的，結果什麼都沒撈到，反而白白遭受了一番侮辱，用老百姓的話說，真是熱臉貼了冷屁股！張松又氣又恨。於是他帶著地形圖決定到荊州碰碰運氣。這一下他可來對了。

在飽受了一番冷遇以後，猛然見到趙雲的熱情迎接，張松心裡真有點感動了。

趙雲對著張松插手施禮說：「我奉主公劉玄德之命，特來迎接先生。想必您一路鞍馬勞頓，一定也餓了，在下略備了酒菜，請先生先吃一點再走吧。」說罷，有軍士跪奉酒食，趙雲雙手敬上美酒。張松美美地來了一頓野餐，感覺那叫一個舒服啊。

吃好後，趙雲陪著張松繼續趕路，天黑時分來到荊州館驛門外。張松正要下馬，只見對面閃出一員大將，在張松馬前施禮，說：「關雲長奉大哥將令，特來迎接先生大駕，請您下榻安歇。」張松抬眼往關羽身後看，只見驛館內外懸燈結彩，大紅燈籠高高掛，見張松下馬，對面立刻鼓樂齊鳴，百十號人夾道站立，齊聲喊著「歡迎歡迎，熱烈歡迎！」這是國賓級待遇啊！如果說剛才見趙雲的時候，張松的心裡是那叫一個舒服；那現在見到關羽時，張松的心裡已經升級為那叫一個熱乎了。

在眾人的簇擁之下，張松踩著鼓樂聲，跟駕雲一樣走進了館驛。這一宿覺好睡得很，張松在夢裡樂醒了好幾次。

第二天吃了早點，劉備引著諸葛亮、龐統親自來接張松，一直接到帥府，分賓主落座，接著又是大排筵席。酒席宴上，劉備、諸葛亮等人只說閒話，誰也不提起西川之事。

倒是張松有點忍不住了，他有意引導劉備說起西川之事，但是每次都被劉備用言語支吾了過去。張松懷裡揣著寶貝地形圖，就如同一個足了月份的孕婦，就等著人家來接生，可偏偏這些人誰也不出手，你說急人不急人。

如此一連三日都是每天宴席，誰也不提西川之事。張松告辭要走，劉備帶著諸葛亮等人到十里長亭設宴送行。這次劉備發揮了自己的長項，他舉著酒杯說：「三天時光轉瞬即逝，今日相別，不知何時再得相見。」說著，禁不住潸然淚下。

此刻張松內心所有的徘徊和疑慮都被眼淚融化了，他一咬牙一跺腳，終於主動獻出了西川的地形圖。劉備略展一看，上面地理行程、道路遠近、山川險要、府庫錢糧，寫得是清清楚楚。劉備拱手說：「先生啊，青山不老，綠水長存。他日事成，必當厚報。」說罷作別。孔明命關雲長等護送數十里方回。

一齣張松獻地圖的大戲，終於畫上了完美的句號。

各位，從派人去成都打探到張松去許昌，到安排人遠接近迎，再到準備宴會，照顧生活，一直到最後安排關羽把張松送走，諸葛亮在這齣戲中扮演了總導演的角色，用了三天時間，贏得了西川奇才張松的信任和忠誠，而且還得到了寶貴的地形圖，最後張松為劉備入川獻出了生命，這是後話。

為什麼這麼短短的三天時間，劉備集團就能贏得張松如此的忠誠呢？這個問題值得我們好好分析一下。張松這個人的心理和一般人可不一樣，他自幼貌醜，飽受別人的冷眼和奚落。長大以後，雖然奮發學習，飽讀經典，練成了過目不忘、一目十行的本事，但是依然得不到應有的尊重和信任，可以說張松的心一直是壓抑的、蜷縮的，他一直渴望能頂天立地站起來，能得到周圍人的尊重甚至敬仰。他之所以獻圖給曹操，就是希望能從曹操那裡獲得這些東西。但是曹操給他的只有和過去一樣的冷落和蔑視。

就在張松最苦悶的時候，劉備出現了，帶來了張松最需要的東西——尊嚴，張松一下子就被征

服了。這個現象就叫做需求驅動，也就是說一個人最需要的東西，就是最能打動他的東西。

諸葛亮準確地抓住了張松的心理，為劉備爭取到了寶貴的機會。

同時，諸葛亮還很好地向我們展示了一個策略，就是如何從別人那裡得到你想要的東西。怎麼做呢？一個字──敬。在人才面前低姿態，是劉備或者諸葛亮共同具備的一個非常一致的優點。

關於低姿態，我想做一個比喻。一個茶杯，要想從茶壺裡得到水，杯子的位置就一定要比茶壺低。即使是七寶夜光杯，要想從破瓦壺裡得到水，杯子的位置也要比壺低！

管理智慧箴言

一個茶杯，要想從茶壺裡得到水，杯子的位置就一定要比茶壺低。

做人也是一樣，我們每個人都需要從別人那裡得到幫助，學到東西。如何做到呢？就是要把自己的位置放低一些。只有低姿態一些，才可以得到更多，學到更多。假如我們一上來就覺得，這個人沒什麼了不起，他說的這些我全懂，我比他強多了。這樣的話，就無法從對方那裡學到任何東西。驕傲使人停頓甚至退步，道理就在這裡。

世界上有很多牆，有牆的地方一定也會有門。什麼人過不去這個門呢？就是那些把自己看得很高很大，成天趾高氣揚的人，他們一定過不去這個門，而且還有可能被撞得頭破血流。

做人做事一定要懂得低姿態。面對石牆，躬下身來，能從門中順利通過；手拿茶杯，躬下身來，能接到清香的茶水。低姿態，是一種境界，也是一份智慧。劉備得到地圖靠的就是這個。

有了諸葛亮、龐統的鼎力相助，加上張松為內應，地圖做嚮導，劉備終於有了大展宏圖的機會。不過，占領西川談何容易，西川之地，劉璋父子經營多年，百姓歸心，文臣武將能人輩出，要占據西川，首要的不是占地盤，而是收攏人心。那麼，諸葛亮是如何運用賞罰策略收攏人心的呢？

請看下一講。

第四講

寬嚴結合成大事

西元二一四年，初夏的成都城一派「山雨欲來風滿樓」的緊張氣氛。劉備大軍破雒城、占綿竹，長驅直入，兵臨城下。眼下，益州牧劉璋唯一的希望就是漢中的救兵快快到來。忽有人報，說城外有人馬來了，劉璋連忙上城觀看，卻見城下來了一員大將，面如敷粉，細腰身，寬肩膀，白袍銀鎧，手執長槍，您猜來人是誰？他就是三國當中有名的上將馬超馬孟起。劉璋看到馬超高興了，為什麼呢？因為劉璋和漢中的張魯商量過了，由馬超帶領漢中一支軍馬來救成都，現在救星總算來了！

劉璋正要安排人打開城門歡迎救星，卻萬萬沒想到事情突然之間就起了變故！只見馬超在城下拿鞭子指點劉璋說：「我今已歸降劉皇叔。公當速速投降，避免生靈塗炭。如果再執迷不悟，我就要攻城了！」

這話對劉璋猶如青天霹靂，轉眼間救星就成了災星。劉備就夠難對付了，再加上一個馬超，這可如何是好。劉璋當時面如土色，一下子就昏倒在城牆上。

身邊的眾將把他救回到府中。於是，在劉璋的辦公室裡，一場何去何從的激烈爭論就展開了。

劉璋手下的益州太守董和是個主戰派，他說：「我們城中尚有兵三萬餘人，錢帛糧草可支一年，絕不能投降。」

謀士譙周卻說：「最近流行的童謠說，若要吃新飯，須待先主來。投降正合天意，我們不可逆天道。」

一番話說得另外兩個主戰派黃權和劉巴大怒，上來要殺譙周，劉璋連忙給擋住了。正在混亂之際，那邊又傳來消息，說蜀郡太守許靖關鍵時刻起了二心，居然要跳城投降劉備。劉璋的腦子一片混亂，大哭著回了內宅。

大家注意，早在〈隆中對〉當中，諸葛亮就給劉璋下結論了，說劉璋暗弱。什麼叫暗？就是沒有遠見，缺乏洞察力；什麼叫弱？就是性格軟弱，缺乏決斷力。諸葛亮真的沒有說錯劉璋。

> 劉璋（？—二二〇年），字季玉，江夏竟陵（今湖北潛江）人。東漢末年三國時代割據軍閥之一。繼父親劉焉擔任益州牧，後為劉備所敗。後於建安二十五年（西元二二〇年）病逝於荊州。

大家看看，劉備是劉璋請來的。用現在的話說，相當於請了一個分公司經理來幫自己搶市場，結果市場沒搶成，總公司反而被人家給奪權了。危機時刻，打沒決心，降也沒決心，手下那麼多能人一個也用不上，就剩下放聲大哭了。

這就是中國俗話說的：兵熊熊一個，將熊熊一窩。拿破崙也說過：一頭雄獅帶領的一群綿羊，可以打敗一隻綿羊帶領的一群雄獅。

就劉璋這位近視眼的綿羊，你給他再優秀的雄獅也沒有用。最後，劉璋哭了半宿以後，第二天

終於開城投降。至此，諸葛亮在〈隆中對〉中提到的立足荊州、占領益州的戰略目標完全實現。

不過勝利之後，往下的戲卻不好唱了。為什麼呢？我們來分析一下。

劉備借機占西川，用咱們老百姓的眼光看，其實相當於一家人過好日子，擔心有劫匪來搶劫，所以就請鄰居過來幫忙看場子，結果劫匪沒來，鄰居卻做了劫匪，把家裡東西都霸占了。孩子們哭著喊著要和他拚命，可是性格軟弱的家長卻說算了，就讓給他吧。您想想，就算家長願意讓，那些氣紅了眼的孩子們誰肯甘休？

劉備和諸葛亮占領了成都之後，遇到的正是這個問題。

我們來估算一下兵力：劉備起兵入川有兩萬多人，從葭萌關一路打到成都，扣除戰鬥損失的，還有分出來沿路占領各個州城府縣的，到了成都城外，兵力所剩最多也就一萬多，諸葛亮從荊州帶來兩萬五千人馬，按照同樣的估算，到成都城下能有一萬五千也就不錯了。外加一些降卒，再加上馬超接近兩萬人的部隊，劉備、諸葛亮包圍成都的時候，部隊總人數多說也就五萬人，而且這五萬人裡張魯的降卒、劉璋的降卒又占了三分之一。

再看劉璋，前邊說了，成都城裡有精兵三萬，糧草充足，訓練有素，熟悉地形又有群眾基礎，加上董和、黃權、劉巴等忠心耿耿的將領，這個實力是不容小看的。

就算劉璋投降了，劉備和諸葛亮進了成都，萬一這些劉璋手下的兵將要鬧起來，局面也是不堪設想的。

蛇吞大象，吞下去容易，消化起來可就難了。什麼叫成功？勝利以後還要有下文，這才叫成功。所以，占領成都以後的局勢給諸葛亮提出了巨大的挑戰。

其實，做事情從來都是這個樣子，分好分，合卻不好合，搞不好就會出大問題。我們看到過很多的例證，有太多的公司，都是在合併的過程中兩敗俱傷的。

那麼如何消化西川這塊難嚼的肉餅呢？諸葛亮和劉備共同策略了一個方案。什麼方案呢？就是要穩定局面，先穩定人心，要穩定人心，先穩定幹部隊伍。通過一系列的人事策略，先把幹部隊伍穩定住了，那整個組織也就有了「定海神針」。這個經驗非常值得今天的各級管理者借鑒和學習。

那麼，這麼一大群幹部，有反對派，有投降派，有荊州的，有益州的，有原來的紅人，也有現在的親信，真是五花八門，究竟應該用什麼策略把他們管好呢？

策略一
由遠及近，先嚴後寬

剛進成都，諸葛亮就對劉備說：「現在西川已經平定，一個城裡難容二主，需要將劉璋送去荊州。」

劉備說：「我們才得了蜀郡，立刻就讓劉璋走，恐怕不太合適吧。」

諸葛亮說：「劉璋就是因為軟弱才丟了西川，現在主公你要學他，心軟誤事，臨事不決，恐怕我們也難以長久。」

於是劉備按照諸葛亮的安排，任命劉璋做振威將軍，又設了一個隆重的歡送宴會，把劉璋全家老小都送到南郡去了。諸葛亮採取的這個做法是非常英明的。

新領導上任了，原來的領導不管是提拔了，還是退休了，都應該趕緊交接離開，這是基本原則。否則，兩個領導都在，那咱們這個單位到底誰說了算？群眾聽誰的？而且就算老領導支持新領導工作，萬一有人打老領導的旗號出來鬧事怎麼辦？到那個時候就說也說不清楚了。稍有不慎，就會傷了和氣，搞不好，還會出大事。

所以，諸葛亮把劉璋送走，既是為了維護劉備，其實也是為了維護劉璋。現在走，大家還有和氣在，還有面子在。

送走劉璋以後，諸葛亮擬定了一份新的幹部名單。《三國演義》第六十五回對這份名單有一個詳細的記載。原文是這樣說的：「玄德自領益州牧。其所降文武，盡皆重賞，定擬名爵：嚴顏為前將軍，法正為蜀郡太守，董和為掌軍中郎將，許靖為左將軍長史，龐義為營中司馬，劉巴為左將軍，黃權為右將軍。」

各位，定西川之後的封賞名單中，有名有姓的，合計四十多人，前二十六個，全是劉璋的舊部。封完了以後，才開始封賞原來的荊州團隊。特別是第一批任命的七位幹部當中，我們看到了三個刺眼的名字，就是當初三個強硬的主戰派董和、劉巴、黃權，這三位全在第一批任命之列，而且給的待遇很高，一個掌軍中郎將，一個左將軍，一個右將軍。

當初進成都城的時候，眾文武都來歸順，唯獨劉巴、黃權閉門自守，不來歸降。諸將憤怒，要取二人性命，劉備還曾為此下過軍令，誰敢傷害這兩個人，就要誅滅三族！

為什麼對這些曾經的敵人和反對派要另眼相待呢？這就是策略。給待遇的時候，先封賞和自己有過節、鬧過對立的人，先公公正正給他們一個待遇，然後再給自己人，這一招叫做「給待遇由遠及近」。它是一個非常有效的穩定人心的方法。

這個策略為什麼管用呢？我們舉個例子，比如幼稚園老師分蘋果，老師說：「小朋友們吃蘋果啦！」小朋友們一下都擠過來了。老師說：「排隊排隊。」可是孩子們都急著要吃，沒人排隊，現場亂作一團，怎麼辦？老師有辦法，拿起一個蘋果對角落裡那個平時表現一般，最近還挨過批評，正在那兒摳鼻子的小朋友說：「大家看，牛牛最乖，我先給牛牛。你們誰聽話好好排隊，我就給誰蘋果。」這樣一來小朋友們一定會排隊，大家一邊排隊，一邊看牛牛和他的蘋果，因為看著牛牛，就得到一個信息。什麼信息呢？就是：連這麼差的人都分到這麼大的蘋果，我再差也比他強。於是大家心裡都有了底，自然就好好排隊了。相反，各位想，老師發蘋果，小朋友們都急著要吃。老師專門挑一個大的，給長得最漂亮、平時表現最好的妞妞說：「來，寶貝，這蘋果是給你的。」這下

可壞了，很多小朋友就得到一個信息：「只有表現成那樣才有機會吃蘋果，看來我們沒機會吃了，哼！我吃不上，你們也吃不上。」於是幾個孩子一使勁，把蘋果筐給掀到地上去了。

所以，給待遇一定要注意順序。尤其是時間緊，人員多，大家又都急著要，我們一定要先給心理距離遠、交往不多、看著不順眼，甚至有過節的人，先給這些人一個公正的待遇，這樣就可以讓所有的人都安心。

諸葛亮封賞董和、黃權幾個人的高明之處就在這裡。它讓所有人都得到一個信息：連這麼死硬的反對派，都能得到應有的待遇，我們還急什麼。

這樣一來，爭的不爭了，搶的不搶了，組織就安然度過了第一次人事危機。

做完幹部工作，諸葛亮接著又擬定了治國的法令條例。《資治通鑑》等史書記載，諸葛亮定的刑罰比較重，法正就提建議說：「當年高祖劉邦入關中約法三章，黎民百姓都感恩戴德，希望軍師把刑罰放寬一些，以爭取民心啊。」

諸葛亮回答說：「您的意見是只知其一，不知其二。當年秦用法暴虐，老百姓心生怨恨，所以高祖用寬仁就能得民心得天下。而眼前，我們的形勢卻大有不同。」

那麼有什麼不同呢？《資治通鑑》記載，諸葛亮說了一段非常高明的話，這段話裡邊包含著管理理論的精髓。

原文是「寵之以位，位極則殘；順之以恩，恩竭則慢。所以致弊，實由於此。吾今威之以法，法行則知恩；限之以爵，爵加則知榮。恩榮並濟，上下有節。為治之道，於斯著矣。」

這段話什麼意思呢？主要的意思是說：劉璋暗弱無能，管理不嚴，制度殘缺。搞管理不能一味靠恩寵收攏人心，你總提拔他、總獎勵他，給習慣了他並不感恩，一旦沒了，他就會產生怨恨。西川管理的弊端都是從這一點上來的。我現在先推行法制，法度是嚴格的，他被表揚了，才知道感恩；待遇是有限的，他得到了，才會感到光榮，

這個策略叫做先嚴後寬。人性有一個基本的特徵就是：由壞入好易，由好入壞難。比如窮人變富比較容易接受；富人變窮卻很難承受。管理也是一樣，一開始嚴厲些，以後慢慢變得寬和些，正好比由窮入富，人人會稱讚領導者的仁德。如果相反，一開始寬厚，以後越來越嚴厲，正好比由富入窮，必然會導致人人怨恨。

管理智慧箴言

人性有一個基本的特徵就是：由壞入好易，由好入壞難。比如窮人變富比較容易接受；富人變窮卻很難承受。管理也是一樣。

如果把人的一生分成兩半，你隨便問一個人，是願意前三十年富後三十年窮呢，還是願意前三十年窮後三十年富呢？我估計所有的人都選擇後三十年富。人跟人打交道也是這樣，一開始對他

特寬，以後你要想嚴，就嚴不起來了。

你把大家叫到一起：「咱們大家做事都是靠緣分，大家在一起都是哥們兒，工作是次要的，主要是人人開心，我不會為難你們的，只要大家努力就行了！」結果到了十一月份，年底了，再冷著臉上來：「今年誰誰誰沒完成指標的，我告訴你，完不成的話該免職的免職，該扣工資的扣工資。現在就通告批評。」但是當你走出會議室後，所有人都覺得你是笑面虎，是偽君子。「表面上對我們這麼好，你看看現在是什麼態度！」大家都會恨你。但如果一開始當主管的時候，你冷著臉說：「我們工作是工作，感情是感情。雖然關係很好，但是完不成任務，我是要痛下殺手的。」最後，年底評比時，你說：「大家辛苦一年也都不容易啊！也就剩下這麼兩天了，該完成的完成，完不成也沒事。」相信全場會報以熱烈掌聲，大家覺得這人真好，雖然平時兇狠但其實還是有點人性的啊。所以，人都是喜歡先嚴後寬。如果你一開始跟大家特親密，勾肩搭背稱兄道弟，那麼以後制度就沒法執行了，行動空間也會特別的小。所以臉要逐漸緩和，當領導要從冬天到夏天，這叫做先冷後暖。剛開始的時候要求要嚴格，措施要嚴厲，隨著時間的推移，可以適當有所緩和，個別條款可以有所放寬。

在給完待遇以後，緊接著要做的就是人員安排的問題。諸葛亮運用了幾個有趣的技巧，值得我們分析一下。這些技巧是什麼呢？我們把它總結一下，叫做「上敬下威，重用分開」。

策略二
上敬下威，重用分開

在劉備占西川的過程中，有一個人起了重要作用，他就是劉璋的軍議校尉法正。平定西川以後，法正被劉備任命為揚武將軍、蜀郡太守。《三國志》記載，這位法正先生「凡平日一餐之德，睚眦之怨，無不報復」。意思就是說，法正一旦發達了，過去的小恩小惠和過去的小仇小怨都記得清清楚楚，報恩的報恩，報仇的報仇，一點寬廣的胸懷也沒有，而且表現得有點過分了。

> 法正（西元一七六—二二〇年），字孝直，扶風郿（今陝西省眉縣東北）人。東漢末年名士，本為劉璋部下，劉備入蜀時歸於劉備帳下。西元二一九年，劉備自稱漢中王後，封法正為尚書令、護軍將軍。次年，法正去世，終年四十五歲。

有人就到諸葛亮這裡彙報，說：「法正太強橫了，應該批評教育他一下。」

諸葛亮怎麼說呢？《三國志》原文是這麼寫的，孔明先生說：「昔主公困守荊州，北畏曹操，

東憚孫權，賴孝直為之輔翼，遂翻然翱翔，不可復制。今奈何禁止孝直，使不得少行其意耶？」

意思就是，我們主公當年困守在荊州，北畏曹操，東怕孫權，全靠法正輔佐主公有了這麼大的成就，我們就不要禁止人家做自己願意做的事情了。你看看，孔明不但沒有批評法正，而且還捎帶著表揚了法正一下。

諸葛亮為什麼要這麼做呢？有人說，是諸葛亮和稀泥，沒有原則；有人說是孔明畏懼法正，不敢和法正起正面衝突。

其實，諸葛亮這麼做不是畏懼，也不是沒有原則。諸葛亮這麼做是有道理的。道理有三個：一是法正當時是劉備的紅人，劉備看法正特別的順眼，特別的寶貝，那真是春天看著像花，秋天看著像果，夏天對著像冰，冬天摸著像火。一天到晚孝直、孝直地叫著，十分的親密。如果諸葛亮剛剛掌握了政府工作的大權，什麼事都不做，上來先收拾法正這位領導的紅人，說輕了是不知輕重，說重了就是和領導唱對臺戲。這樣會極大影響班子團結的。

第二，法正有了那麼多貢獻，如果事業剛剛成功，就把人家給貶下去，周圍人會怎麼看，益州歸順的幹部們會怎麼想？大家會覺得你這不是卸磨殺驢嗎？我不給你幹了！這樣就容易影響幹部隊伍的穩定，進而影響政權的穩定。

第三，法正不是糊塗人，也不是沒有頭腦、沒有準則的人。法正的祖輩父輩都是優秀的知識分子，清高有才，人品學問都很好。法正從小受家庭的薰陶、父輩祖輩的教育，人品本質上講都是好的。即使有點過火，也是一時糊塗，根本沒有必要小題大作，激化矛盾，只要稍加提醒，完全可以自己糾正。

正是抱著這樣的態度，從班子團結、幹部穩定和當事人的具體情況出發，諸葛亮才選擇了溫和的手段，面對法正的問題，不但沒有批評教育，反而還表揚了幾句，表揚中帶著提醒。

孔明的話傳到法正耳朵裡以後，法正果然自己也收斂了。

這種方法叫做敬服。要讓人服從，其實有兩種方法：一種叫做威服，就是使用武力，使用強制力，甚至不惜用對抗的手段；另一種就是敬服，使用溫和的方法，從正面講，從肯定對方的角度講。

諸葛亮運用的就是敬服的方法。對於那些層次高、有基礎、本質不壞的人，一旦發現些小問題，我們都可以使用敬服的手段，這樣舒舒服服就把對方的毛病改了。

比如，我們讓家裡孩子掃地，不要惡狠狠地嚇唬他——你給我掃地，不掃就是懶蟲！看看你一副慢吞吞的樣子！快幹！

這樣的方法不好，一方面給孩子貼上了不良的標籤，讓他自信心下降，覺得自己本來就很差，乾脆破罐子破摔得了；另一方面又會讓他感覺到，家長根本不是在幫自己，家長就是在找碴挑刺，於是他就會針鋒相對，明明可以做也堅決不做！

相反，如果我們先肯定兩句，說——今天作業寫得不錯啊，繼續努力。另外騰點時間一起掃地

吧？你上次掃的地特別好，乾淨整潔，我們大家都很佩服呢。這樣一來，孩子不光地掃了，而且還滿心歡喜，將來一定會培養出一個熱愛勞動、有自信心的好孩子。

從管理上講，溫暖的手段永遠要比冷酷的手段更有效，說的就是這個道理。所以威服不如敬服——用溫暖的手段讓人服。

荊州幹部中還有一個人，也引起了孔明格外關注，他的名字叫許靖。劉璋投降前，許靖是前任蜀郡太守，而且當時的輿論評價他「倜儻瑰瑋，有當世之具，當以為指南。」意思就是說許靖風流倜儻，才華橫溢，有很多優點，可以成為一個人才的標竿。用現在的話說，許靖屬於偶像派、實力派結合的人物，有很多粉絲啊。

> 許靖（？—二二二年），字文休，汝南平輿（今河南省平輿縣）人。三國時著名人物，年輕時即為世人所知。後經劉翊推舉為孝廉，擔任尚書郎。後受到益州牧劉璋邀請，受任為巴郡、廣漢太守，劉備入蜀後，擔任要職，位列三公。

不過許靖的為人做事卻欠火候，劉備進兵成都的時候，劉巴、黃權等人忠心耿耿，堅守崗位，一心報效劉璋。而許靖則選擇了脫離崗位，偷偷跳城牆，跑到劉備這邊來投降。這件事情讓劉備很反感。

後來許靖官封太傅，位子在諸葛亮以上，諸葛亮沒有任何反對，並且帶頭對許靖恩禮有加，十分敬重。見面的時候甚至行大禮。

在蜀漢政權裡邊，諸葛亮只拜兩個人，一個是劉備，一個就是這位許靖。

那麼諸葛亮為什麼會對許靖這麼敬重呢？這也是一個策略，叫做「重而不用」。

我們經常講重用，這個人要重用，那個人不可重用，其實重和用是兩個概念，重是給地位、給尊重，用是給權力、給資源。

許靖雖然受到這麼高的禮遇，連諸葛亮都要大禮參拜，身分是太傅，也算領導班子成員，但是你說他有權力嗎？能調動部隊、管理政府或者參與人事安排嗎？不能。他沒什麼具體的權力。那為什麼讓他進領導班子呢？因為他名氣大、影響力大、號召力強，他進了班子，我們的知名度和美譽度都能順勢增加，這叫借光。如果把他排擠在外，那我們自己的聲譽也會受影響。所以，對於知名度、美譽度很高，但是價值觀不一致的幹部，可以採取重而不用的有效策略。

許靖和法正都屬於新招聘的外來幹部，這類幹部的管理很重要，但是不是特別敏感，處理不當調整一下就可以了。隊伍中還有一類人，這類人的管理是不能出絲毫紕漏的。這類人是什麼人呢？就是領導身邊的親信。他們在領導身邊工作，關係近，水準高，有感情，有能力，對這類人的管理是相當敏感的。

現在就讓我們看看諸葛亮是怎麼管理這類人的吧。

策略三
近嚴遠寬，罰上立威

說到領導的身邊人，我們要提一提劉備的乾兒子，此人名叫劉封。《三國志》說：「劉封本羅侯寇氏之子，長沙劉氏之甥也。」劉封原來不叫劉封，叫寇封，劉備至荊州以後，收為養子。等到劉備入蜀的時候，劉封正是二十多歲年紀，武藝超群，氣力過人，帶兵與諸葛亮、張飛等溯流西上，屢立戰功，取得益州以後，被任命為副軍中郎將。

> 劉封（？—二二〇年），東漢末年長沙（今湖南湘陰）人，劉備義子。劉封武力過人，性格剛烈，後因內叛敗歸成都，劉備責難之並賜死。

建安二十四年，劉備派遣孟達帶兵進攻上庸，但又擔心孟達不好管理，就派遣劉封到了孟達軍中，與他一起進攻上庸。上庸戰役勝利後，劉封升職為副軍將軍，和孟達一起就地駐守。

此後，劉封的驕縱之心漸長，犯下了三個大錯：

一、《三國志》記載，關羽圍樊城、襄陽，催促劉封、孟達發兵相助。但是劉封卻推辭說上庸剛剛歸附，無法派兵。關羽兵敗被殺，客觀上劉封是負有一定責任的，為此劉備很氣惱。

二、劉封不顧大局，以勢壓人，與孟達不和，沒有搞好內部團結，導致孟達最後投降了曹魏，西蜀遭受了很大的損失。

三、上庸守將申儀等人反叛，劉封沒有防備，導致戰敗，丟了守地，隻身敗走成都。

有了以上這三個原因，劉備對劉封的不滿已經積累到一定程度了。劉備很生氣，後果很嚴重！諸葛亮在對待劉封的問題上，態度十分強硬，就是要嚴肅處理，絕不姑息。一向溫和的孔明先生為什麼對劉封這麼心狠呢？原因有兩個：第一，劉封是親信將領，如果連身邊的人犯錯誤都無法處理，將來還怎麼帶隊伍，怎麼教育別的下屬呢？第二，劉封是主公的乾兒子，現在已經露出了驕傲自大的特徵，加上手裡有兵權，萬一將來鬧出亂子來怎麼辦？中國人都相信禍起蕭牆之內，意思就是身邊人鬧事，不受節制是最可怕的。由於這兩個原因，諸葛亮堅持對劉封嚴肅處理。最後，劉備賜劉封自殺。

這個策略就是「近嚴遠寬」。意思就是對身邊的人要以嚴為主，要立天條，定規矩，違反了絕不姑息。為什麼這樣呢？因為身邊的人，經常在一起，有的是機會溝通感情，怕的是時間久了，驕傲自滿，沒大沒小，說不該說的話，做不該做的事情。一旦這樣，就會出現三個可怕結果：一、矛盾激化，領導身邊人出問題，鬧不好就是禍起蕭牆啊，容易引發大問題。二、聲譽受損，群眾會

說，你看看你看看，什麼領導啊，手下的人這麼壞！咱們的組織交給這幫人，沒前途。三、行為擴散，周圍人都看著呢，說連領導身邊的人都有那麼多問題，咱們犯點錯算什麼，於是大家都行為無節制了，錯誤就會擴散。

所以高明的領導首先要管好的就是身邊的人，什麼司機、祕書、助手、乾兒子、小舅子什麼的，一定要立規矩，加強管理。

諸葛亮主張處理劉封，就是出於這樣的考慮。

一個人要推行自己的主張，一套制度要想人人服從，首先要有足夠的威嚴，讓人人敬畏。那怎麼立威呢？首先就是管好身邊的人！

諸葛亮處理劉封，還體現了他治理西川的一個幹部策略，叫做「罰上立威」。出了問題，把包括領導班子主要責任者處理了，一下子就樹立起了制度的威嚴和管理的規範。相反，如果出了事情，推卸責任，只處理幾個不大不小的小蝦米了事，那下次可能就沒人敬畏制度了，問題發展就會更嚴重。

我們來做個比喻，比如說我們要管理一群大象，讓牠們個個都服氣，怎麼辦？你說開個會，大象下屬們都在座，你這裡威嚴地說：「我這個人是有原則的，誰違犯紀律，一定下狠手。」正說著話，一回頭，看門口蹲著一隻小螞蟻，一把抓過，呵斥道：「哪個部門的？膽敢違反紀律，這還了得！」說話捏起小螞蟻，一巴掌給拍扁了。你說大象會怕你嗎？所有大象會拿鼻子擋著嘴，嘲笑說：「吼吼！就這點本事！」

相反，如果我們管一群螞蟻，讓牠們服氣，怎麼辦？開個會。螞蟻都在座，你威嚴地說：「我這個人是有原則的，誰違犯紀律，一定下狠手。」說著話，抓過一隻大象，二話不說，一巴掌給拍扁了，你說螞蟻會是什麼反應？現場螞蟻會全體起立，伸著小拳頭高呼：「支持領導！」

所以碾死螞蟻給大象看，獲得的是嘲笑；碾死大象給螞蟻看，才能獲得威嚴。這個策略就是「罰上立威」。

管理智慧箴言

所以碾死螞蟻給大象看，獲得的是嘲笑；碾死大象給螞蟻看，才能獲得威嚴。這個策略就是「罰上立威」。

說到這裡我們就要反思一個口號了，叫殺雞儆猴。大家想想，雞大還是猴大，明擺著是猴大嘛。金剛、泰山、大馬猴，撇著嘴往這兒一站，你說：「怕我啊，怕我啊！」上來抓一隻小雞，咔嚓給殺了，你說對面的金剛、泰山會怕嗎？牠們才不怕呢，牠們會撇著嘴說：「呸，禽流感！」

你再想，一群小雞站在對面，上來先處理一個金剛、泰山、大馬猴，上來抓一個，咔嚓一刀就給殺了。那些小雞怎麼樣？會腿一軟臉一紅，一人給你下一個蛋，當場就爭取做貢獻。

所以，要樹立威嚴就要罰上，找根子深、脖子粗、脾氣急、位子重的一個，一刀斬於馬下，那整個隊伍都會鴉雀無聲、人人口服。

諸葛亮處理劉封，用的就是這個「罰上立威」的技巧。處理了有分量的，自然就樹立了威信，增加了影響力，帶隊伍幹工作就容易多了。

但是一個新的問題產生了，就是作為一個有那麼大威信、有那麼大號召力的二把手，諸葛亮如何和上級領導處理好關係？這個問題如果處理不好的話，說小了影響個人的發展，說大了就影響團隊和諧穩定，搞不好要鬧出內亂的。諸葛亮也遇到了正是中國古往今來所有位高權重的人都會遇到的問題，叫做功高震主。你能力太強了，名氣太大了，達到了讓領導不放心的地步。因為最有本事的人往往也是讓上級最不放心的人。那麼足智多謀的孔明先生是如何處理這個問題的？他採取了哪些策略？又遇到了什麼新的困難呢？請大家看下一講。

第五講

能人如何不嚇人

章武三年也就是西元二二三年的春天，六十三歲的劉備病倒了，大夫檢查說小毛病，拉肚子。病中的劉備躺在床上，腦海中常閃現這樣一幅戰鬥場景：自己站在山頭，放眼望去，只見山下一片火海，到處是鋪天蓋地的喊殺聲，人和馬的屍體填滿了道路，鋪滿了江水。這個場景不是赤壁之戰，而是幾個月之前劉備親自指揮的夷陵之戰。

以前，劉備曾想過，這個曹操在火燒赤壁的時候是什麼滋味呢？今天，他終於體會到這種滋味了。只不過當年燒曹操的是東吳的周瑜，現在燒他的是東吳的陸遜。

想著那慘烈的場面，還有一張張陣亡將領的面孔，劉備的心縮緊了，他甚至有時候都不敢相信，這樣的慘烈失敗，怎麼會發生在自己的身上？

這一年是劉備當蜀漢皇帝的第三年。剛當皇帝的第二年，劉備就起兵四萬聯合南方少數民族，以為關羽報仇的名義對東吳宣戰。不過，吞併東吳的雄心壯志，給劉備帶來的是一生中最大的一枚苦果。這枚苦果苦澀得讓他難以承受。

夷陵慘敗，部隊傷亡殆盡還損失了好幾員大將。劉備隻身逃脫，敗走白帝城。到了白帝城，劉備就病倒了，一開始只是有點腹瀉，大家都以為皇帝養養也就好了。但是沒想到，在白帝城臨時修了永安行宮，安頓下來以後，劉備的病卻日益沉重，到了臥床不起、生活不能自理的地步。

劉備知道自己時日不多了，連忙把遠在成都的諸葛亮召到永安，準備託付後事。

關於劉備託孤，在《三國志》、《三國演義》和《資治通鑑》上都有非常一致的記載。在病床前，劉備對諸葛亮說：「君才十倍曹丕，必能安國，終定大事。若嗣子可輔，輔之；如其不才，君可自取。」

什麼意思呢？就是「您先生的才華比那個稱帝的曹丕還要高十倍，一定能把國家治理好！我這個兒子如果說得過去的話，你就輔佐他；如果不成才，你就自立做皇帝吧！」一番話說得諸葛亮誠惶誠恐，他沒想到劉備會這麼說。而且在中國歷史上，以這樣的方式託孤的人也沒有。那我們就要分析了，劉備為什麼會這麼說呢？

用咱們老百姓的眼光看，劉備託孤相當於老太爺嚥氣之前給帳房先生交代後事，讓兒子來繼承家產，結果您猜猜這位老太爺怎麼說？他說的居然是：「你先生要看我兒子不行，你就甭搭理他了，這家產就歸你得了！」這也太離譜了點！恐怕沒有哪個家長會這麼託付後事。

那麼劉備說這番話的動機何在，用意何在呢？我們考慮有兩個情況：第一，這番話有劉備的真情在裡邊，他真的覺得國家交給誰都行，不一定非要交給自己的兒子，請諸葛亮治國那是國家的福分、老百姓的福分。

第二，這番話暴露出了劉備的一個擔憂，就是擔心諸葛亮位高權重，名滿天下，老百姓都很支持，而自己的兒子才剛剛十七歲，能不能領導這樣一位重臣，能不能坐穩一把手的位子，一切都是未知數啊！

各位想想，以上兩種情況，您覺得劉備屬於哪一種呢？我倒覺得，應該兩種都有一些，不過恐

怕是第二種更多一點。

劉備的心理很複雜啊。他現在已經不惦記自己是怎麼走的了，他惦記的是，自己走了以後，下一個來的是誰？

劉備說完這個話以後，孔明先生是如何回答的呢？他是不是說：「行！老闆，聽您的，我一定好好考慮考慮！」

真這樣說就糟了！劉備這是在要承諾啊！孔明當然知道，他立刻就給了承諾。《三國志》記載，亮涕泣曰：「臣敢竭股肱之力，效忠貞之節，繼之以死！」

意思就是說：「我一定竭盡全力輔佐幼主，死都不會有二心的！」而且史書中還用了一個詞，叫做涕泣，就是說哭得很動情很傷心。

各位想想，諸葛亮為什麼哭成這樣？有人說是因為感動，感動劉備的信任，這個確實有。還有人說是因為傷心，傷心好戰友劉備就要去世，這個也確實有點。

不過我覺得，諸葛亮的眼淚和劉備的話一樣，也是非常複雜的。除了以上兩點以外還有第三點，就是難過，難過的是共事這麼多年，自出茅廬以來，自己兢兢業業、任勞任怨，真是讓做什麼做什麼，從沒有過二心，從沒耍過態度。但臨了，劉備怎麼還會這麼想自己呢？做人也太難了。

其實諸葛亮遇到的正是中國古往今來，所有位高權重的人都會遇到的問題，叫做功高震主，你能力太強了，名氣太大了，達到了讓領導不放心的地步。

當下屬難啊，領導讓你幹工作，你不幹，他不甘心；你幹壞了，他不開心；你幹好了，他又不放心。

諸葛亮當時有三個身分：其一大權在握，大小政事，一人說了算，是一個權臣；其二，孔明又是一個有理想、有道義、人人敬仰的忠臣；其三，孔明還是業績卓著、才幹突出的能臣。這三頂帽子，讓哪個領導看了，不倒吸一口冷氣啊！真的是功高震主、勢大壓主。儘管孔明主觀上沒有這個動機，但是客觀上還是造成了這種局勢。劉備白帝城託孤的話本身就是一個證明。這個問題要是處理不好的話，直接結果就是君臣互相猜疑，爆發內亂，把到手的勝利成果都葬送掉。

創業成功後又把事業葬送在互相猜忌的內亂上，這樣的例子太多了。

那麼，作為一個有權力、有能力，又有影響力的「三力」型下屬，如何處理好和上級的關係，如何獲得上級足夠的信任呢？我們分析一下會發現，從到劉備手下開始，諸葛亮就注意這個問題了，他很策略地運用了四個方法，比較好地解決了這個問題。

方法一 工作上搖扇子，生活上搭檯子

說到這個策略，我們要說說劉備的家事。中國人都說本命年不好過，對劉備來說確實如此。劉備是屬牛的，東漢建安十四年也就是西元二〇九年是劉備四十八歲的本命年，還沒等劉備從赤壁大戰的勝利中回過神來，壞消息就來了，這一年劉備的結髮妻子甘夫人去世了，撇下了三歲的兒子。至此，在兩年多的時間裡，劉備有兩位夫人都去世了。

所以，在談到家事的時候，三國故事裡有一個說法，叫做「四大慘」，哪四大慘呢？一是給呂布當爹。呂布有弒父情結，各位看看丁原、董卓的下場，誰當呂布乾爹誰就是死路一條。二是給馬超當兒子。馬超有三子，三國有一段故事叫「楊阜借兵破馬超」，馬超的妻子、家人，還有三個年幼的兒子被敵將梁寬等人拿住，在翼城城頭一刀一個都給砍死了，《三國志》裴注記載，馬超兵敗後投靠了張魯，次妻董氏和兒子馬秋都在張魯手裡，後來馬超投降了劉備，張魯投降了曹操，曹操把董氏賞給了手下，把馬秋推給張魯，說你看著辦吧，張魯二話沒說，當場殺了馬秋。慘吶！連小孩子都不放過。所以，三國是英雄史，也是血淚史。

三是給曹操當僕人。曹操為了防止被人謀害，詐稱自己好「夢裡殺人」，就是說曹操睡覺的時候，別人一靠近就會被殺。果然，有一次，曹操睡覺時身上的被子被踹到地上了，就有伺候的人上去撿，結果被曹操躍起一刀砍死。所以，給曹操當家僕都是很危險的，隨時會丟性命。

四是給劉備當老婆。劉備每次吃了敗仗，標準動作就是捨老婆、棄家小。你看，在小沛和呂布作戰，戰敗逃走，棄了家小；在徐州和曹操開戰，戰敗了，又棄了家小，才有後來關羽屯土山約三事被迫降曹；再後來在當陽長阪坡劉備被曹操打敗，撤退時又棄了家小，導致糜夫人投井自殺。眼下，甘夫人又去世了。撇下年近五十的劉備帶著一個三歲的孩子，好不淒涼！

不過，有壞消息，就有好消息。劉備正在煎熬的時候，有人來報，說東吳謀士呂範來了。

劉備以為呂範和魯肅一樣，也是來要荊州的。於是硬著頭皮見了面，結果呂範帶來的是一樁美事，什麼美事呢？

呂範給劉備說媒來了，呂範說：「吳侯孫權有一妹，生得賢慧又美麗，想嫁給劉備。」

這真是人在屋中坐，美女天上來。

劉備面對這樁美事說什麼呢？劉備說：「吾年已半百，鬢髮斑白；吳侯之妹，正當妙齡，恐非配偶。」

各位聽這個話，就能聽出來，劉備心裡是願意的，又擔心人家嫌自己歲數大。

呂範說：「我們吳侯這位妹妹，身雖女子，志勝男兒。常說非天下英雄不嫁！您皇叔名聞四

海，正所謂淑女配君子，年齡不是問題的！」

劉備當時就說：「那您稍微停留一天吧，明天我給您消息啊。」

一轉身，劉備就來和諸葛亮商量了。孔明態度很明確，八個字——「面許已定，擇日就親」。

> 孫尚香，即孫夫人，三國時期的主要女性人物之一，吳郡富春（今浙江富陽）人。孫尚香原為東吳郡主，後嫁與劉備。孫尚香自幼喜好武藝，手下侍女皆帶刀具，常以與人擊劍為樂，身帶利器又容姿甚美。因為她作為「亂世梟雄」劉備的妻子，並且志勝男兒，因此自然而然被人們稱為「梟姬」。

劉備很猶豫，他屬於那種既想喝粥又怕燙的主兒，劉備說：「那萬一周瑜定計欲害我，這不是送上門去嗎？」

孔明大笑，給劉備結結實實吃了定心丸。孔明說：「主公您放心，我略用小謀，一定讓那周瑜一籌不展，公主到手，荊州萬無一失，主公也可安然無恙。他不是給咱們用美人計嗎？我保證你要了美人不中計。」

婚事就這樣定了下來，等到要啟程的時候，劉備又擔心了，這屬於冒生命危險娶美女呀。孔明說：「吾已定下三條計策，讓趙雲跟著您按計而行，可保萬無一失！」

這就叫「不入虎穴，焉得虎妞！」

諸葛亮給趙雲準備了三個錦囊妙計，哪三個呢？第一個錦囊妙計，大造聲勢，利用吳國太和喬國老，把生米做成熟飯；第二個錦囊妙計，編造曹操入侵的藉口，拉劉備出溫柔鄉；第三個錦囊妙計，關鍵時刻借孫夫人之力，喝退追兵，逃出虎口。

劉備最後真的是啃了糖衣，扔了砲彈；得了美人，沒中計。

從《三國演義》這個描寫當中，我們可以看到一個智慧，就是諸葛亮作為位高權重的下屬，他不光參與決策——在工作上給領導出謀劃策，而且還積極關心領導個人生活，幫領導解決個人生活的困難。

在劉備娶親這件事上，孔明是看到了風險的，但是他沒有給領導改善個人生活設置任何障礙，相反，他利用自己的聰明才智，創造條件、搭建平臺，促成了劉備的親事，為領導的美滿姻緣填上了關鍵的一筆。

您想想，劉備能不高興嗎？對孔明的信心和信任那是大幅度增長！

所以我們管這個策略就叫做「工作上搖扇子，生活上搭檯子」。作為一個副職，應該主動關心一把手，幫他解決個人生活上的困難。當工作和生活衝突的時候，要盡量照顧領導，幫他出主意想辦法。這樣，領導的信任自然就會大大增加！會關心上級生活，這是下屬的智慧。

同時孔明先生在工作上還使用了第二個策略——

方法二
放下擅長的，做好應該的

《三國志》裴注當中有記載，當年在隆中的時候，東吳的張昭曾經向孫權推薦諸葛亮，但是諸葛亮沒答應。有人問諸葛亮為什麼，諸葛亮說了一句話：「孫將軍可謂人主，然觀其度，能賢亮而不能盡亮。」

這句話為後來的「三顧茅廬」埋下了伏筆。什麼叫「能賢亮而不能盡亮」？意思就是，孫權孫將軍他能尊重我，但是不能充分發揮我的才華，所以我不能跟他幹！

諸葛亮是一匹千里馬，大家想想千里馬需要什麼？要用千里馬，你首先得理解他呀。其實，一匹千里馬，牠需要草料，更需要一片縱橫馳騁的草原！諸葛亮的意思就是，到了孫權那裡，他給的草料肯定是一等一的，但是他不會給草原。

說到這裡，我們就看到了，諸葛亮選主子的標準很明確，誰給我草原，誰能充分發揮我的才華，我就跟誰。

後來，三顧茅廬以後諸葛亮出山輔佐劉備，很重要的一個原因就是因為諸葛亮認為只有劉備能做到這一點。

那麼，劉備做到沒做到呢？確實做到了，但是做到了一部分。劉備用諸葛亮，用一句話概括，叫做「給了兩頭，收了中間」。

什麼意思呢？就是說，劉備在剛開始用諸葛亮的時候，赤壁之戰前後，劉備給了諸葛亮充分的空間和平臺施展才華，到後來劉備託孤的時候，也給了諸葛亮充分的空間和平臺施展才華。不過在兩者之間，就是從赤壁之戰到白帝城託孤之間這段時間裡，劉備給諸葛亮的空間並不大。

為什麼說不大呢？我們來看看史書的記載。

赤壁之戰前後的西元二〇七—二〇八年，劉備先讓諸葛亮管軍事，火燒新野，火燒博望，接著是管外交，出使江東，說服孫權，然後又讓諸葛亮管民政，搞經濟，治理零陵、桂陽、長沙三郡，諸葛亮都搞得紅紅火火。

我們前邊提到了，諸葛亮屬於既能掃一屋也能掃天下的通才，又屬於迫切需要草原的千里馬。那麼劉備是不是給了諸葛亮那麼大草原呢？其實沒有。大家注意，赤壁大戰勝利之前，諸葛亮是沒有任何職務的，直到西元二〇八年赤壁之戰打敗曹操以後，劉備才給了諸葛亮一個軍師中郎將的頭銜。

從此以後，劉備卻派諸葛亮專門去搞經濟和民政了，軍事上的事情很少讓諸葛亮參與。孔明在

劉備心目中首先成了一個標準的看家人選，留守處主任。

您看，入川的時候，劉備帶的是法正和龐統，諸葛亮留守。取漢中的時候，劉備帶的是法正，諸葛亮還是留守。《三國志・諸葛亮傳》中說：「先主外出，亮常鎮守成都，足食足兵。」什麼是足食足兵？就是後勤保障做得很好。

在劉備入川以後相當長的一段時間裡，法正扮演了真正出謀劃策的軍師。諸葛亮則投身於繁瑣細緻的政府事務和後勤事務中。

但是，孔明沒有怨言，也沒有發牢騷。他把當年說的「賢亮不能盡亮」一類的話都放在一邊，就是專心致志完成劉備交辦的工作。

一個人放下自己喜歡的，做自己不喜歡的，這很不容易，也非常了不起。

能人在團隊中應該如何開展工作呢？其實最重要的就是要學會服從指揮。這就好比一個天下第一的小提琴手參加一個樂團的演奏，你說他要不要上來就拉自己最擅長的？肯定不能。他必須一看指揮，二看樂譜，按照指揮和樂譜的安排來拉。相反，如果一不看指揮，二不看樂譜，上來就拉自己最擅長的，那麼，拉得越好，可能對整個團隊的損害也就越大。

這就是為什麼很多年輕幹部，新官上任三把火，一上來就幹自己最擅長的，結果幹成了以後，上級不滿意，群眾不認可，他自己還特委屈，覺得我幹得這麼好，你們怎麼就這麼否定我呢？

其實，團隊當中做事情可不是這麼做的，必須要一看指揮，指揮就是領導，二看樂譜，樂譜就是工作計畫。如果不聽領導指揮，不看工作計畫，彈得越好，對整個合奏的傷害可能就越大。

管理智慧箴言

團隊當中做事情，必須要一看指揮，指揮就是領導，二看樂譜，樂譜就是工作計畫。如果不聽領導指揮，不看工作計畫，彈得越好，對整個合奏的傷害可能就越大。

諸葛亮就是一個出色的琴手。儘管他有自己最擅長的絕技，但是他沒有逞能，沒有挑肥揀瘦，而是領導安排做什麼，就全心全意做什麼。放下擅長的，做好應該的。

這種敬業精神一下獲得了劉備還有周圍幹部的一致認可。

雖然工作一直很出色，在各個崗位上都能閃光，但是諸葛亮沒有自滿，更沒有自誇，面對大家的肯定，他運用了第三個方法——

方法三
弱勢溝通，展現依賴

大家先來看諸葛亮寫的〈出師表〉，〈出師表〉不光寫得很動情，而且寫得很高明。〈出師表〉寫道：「臣本布衣，躬耕南陽，苟全性命於亂世，不求聞達於諸侯。先帝不以臣卑鄙，猥自枉屈，三顧臣於草廬之中，諮臣以當世之事，由是感激，遂許先帝以馳驅。」

大家注意，這個口氣，並不是和先主說話的口氣，而是和後主說話的口氣。和兒子說話都這麼謙卑，估計當年和老子說話的時候更低調。

這裡看孔明的用詞啊，明明是等待英主大展宏圖，卻說苟全性命於亂世；明明是三顧茅廬英雄出世，卻說自己很卑鄙，先主來請我是屈枉了；明明是居中調度定大計定國策，卻說是許以驅馳，扮演個跑腿的。

那麼諸葛亮為什麼要這麼說呢？他為什麼要把自己的優點長處都收起來呢？這其實是獲得認可的一個好辦法。

首先，心理學發現，人們嫉妒強勢，不嫉妒弱勢，反感高調不反感低調。諸葛亮這樣做，就減少了同事的嫉妒和反感。

其次，人類社會有個有趣的現象，就是弱勢的人會讓別人覺得更不容易變心，更值得相信。所以通過展示自己的弱點和對別人的依賴，能取得足夠的支持和信賴。

我們來舉個例子，我認識一位老教授，夫婦二人結婚三十多年了，感情一直特別好。年輕人在一起的時候就開玩笑呀，說：「請教請教啊，您快教教我們，怎麼讓婚姻這麼長久，感情這麼牢固呀？」

老教授說：「其實也沒什麼，就是我這個人嘴刁，吃飯挑食啊，我離開老太婆做的飯，誰家的飯我也吃不飽，沒有了她我就得餓肚子啊，所以我們就過了大半輩子。」

教授夫人說：「我是嚴重的神經衰弱，失眠啊，到晚上就睡不著覺。非得老頭子躺我旁邊打起呼嚕來，聽著這個節奏我就睡著了。要沒了他，神經衰弱得把我折磨死，所以我們就過了這半輩子啊。」

你看說是這麼說的吧，但是實際情況呢，完全不是這麼回事。

老教授去參加一個論壇，在酒店吃自助餐，他說的是「離開老太婆做的飯，自己什麼東西都吃不下去的」，實際上，吃自助餐取了一次不夠，還取了個兩回，比我吃得還多呢。

晚上我給他家小保母打電話，問：「小慧啊，阿姨睡覺怎麼樣啊？有沒有失眠呀？」你猜小保母怎麼說，人家說：「阿姨睡覺好著呢，不到十點就進臥室了。以前是叔叔打呼嚕，現在叔叔走了，阿姨自己打呼嚕，一覺睡到自然醒，好著呢。」

大家看看，其實誰也離得開誰，離了誰地球也照轉。

但妙就妙在兩個人都說離不開，都找了一個離不開的理由。而且雙方都知道自己的那個是假的，但是都相信對方的那個是真的。

這就叫做通過示弱，指出自己的缺點和不足，展示對對方的依賴，從而獲得信任感。

諸葛亮為什麼要把自己說得那麼不行，把領導說得那麼強大，其實核心就是這個原因，他在通過示弱，展示對領導者和對組織的依賴，從而增強周圍人對自己的信任和支持。

所以，我們說感情是示弱的學問，不是示強的學問。為什麼很多女強人婚姻都不美滿，原因就在於她們太強，而且時時處處展示自己很強。憐愛憐愛，先憐後愛。示一下弱，展示一下自己的依賴性，那感情自然就甜蜜起來了。

管理智慧箴言

感情是示弱的學問，不是示強的學問。

有了信任和支持，諸葛亮就有了充分發揮自己的平臺了。但是他是不是充分發揮自己了呢？不是。他在施展才華的時候，使用了第四個方法——

方法四
穩住大局收拾殘局，態度積極但不著急

章武二年，也就是西元二二二年，劉備做了一個特別「二愣子」的事情，就是起兵征討東吳。結果被人家火燒連營七百里，損失慘重，大軍敗走白帝城。

得到兵敗的消息以後，諸葛亮有什麼反應呢？諸葛亮嘆道：「法正要是活著就好了，他一定能勸阻主公，不讓他東征。即使東征了，也不至於敗得這樣慘！」（《三國志・諸葛亮傳》）

有人就評論說了，諸葛亮這屬於說風涼話。法正不在了，那你諸葛亮是幹什麼吃的，你為什麼就不能勸阻劉備呢？就算是勸不住，你自己以隨營軍師的身分跟著劉備不就好了嗎？

關於諸葛亮為什麼不勸阻，或者就乾脆參加東征這件事，我們要做一些分析。

首先我們要分析劉備征討東吳的動機。

有人說了，那還用問嗎？為關羽報仇唄。

> 關羽（？—二二〇年），本字長生，後改字雲長，河東解（今山西運城）人。東漢末年蜀國著名將領，自劉備於鄉里聚眾起兵開始追隨劉備，是劉備最為信任的將領之一。

有書為證啊，《三國演義》第一回「宴桃園豪傑三結義　斬黃巾英雄首立功」記載，劉關張三人，於桃園中備下烏牛白馬祭禮，焚香起誓：「念劉備、關羽、張飛，雖然異姓，既結為兄弟，則同心協力，救困扶危；上報國家，下安黎庶。不求同年同月同日生，只願同年同月同日死。」

後來關羽被東吳給害死了，大哥劉備當然要給關羽報仇了！

按照《三國演義》的邏輯，應該是這樣的。不過按照《三國志》的邏輯，可不是這樣的。首先《三國志》裡邊，沒有桃園三結義的記載，這個場景應該是小說的虛構。其次，我們來看時間，關羽被害是在西元二一九年，也就是東漢建安二十四年，而劉備伐東吳是在西元二二二年，前後差了三年。為什麼關羽被害以後，劉備沒有馬上給兄弟報仇，反而是三年以後才動手呢？而且偏偏是在劉備自己登上皇位稱帝以後？

這個很值得研究。我們也可以理解為劉備積攢力量尋找機會。不過，還有另一種理解，就是劉備伐東吳不光有感情目的，更有政治目的。既然稱帝了，劉備就想建立更大的功勳，創建更廣的基業，吞併東吳是他的夙願。現在，以關羽被害為理由，劉備開始動手實現自己的願望了。

因此，討伐東吳至少是一半政治因素，一半感情因素的。

那麼，分析完劉備的動機，我們再來分析當時的形勢。

當時曹魏最強大，東吳第二，劉備實力第三。所以，劉備討伐東吳，屬於第二名和第三名打起來。第二和第三打起來，第一名當然最高興了。

第一名可以採取坐山觀虎鬥的策略，等兩個人兩敗俱傷了，自己可以從中撈到巨大的便宜。這可是一個一本萬利的好買賣。

不過，還有一個比這個更好的買賣，就是聯合第三，把第二給吃掉。等待吃掉了第二，第三名也打得疲憊不堪了，回過頭，再吃第三易如反掌。

這是最實惠最快速的勝利路線。第一個看到這個問題的是吳主孫權，所以在劉備起兵的時候，孫權連忙向曹丕示好，表示歸順，怕的就是曹丕乘機動手。第二個看到這個問題的是曹丕的侍中劉曄，用現代眼光看，劉曄也是相當精通博弈論的高手。他就建議曹丕，不要理睬孫權的求和示好，應該利用吳蜀動手的機會，先把孫權拿下。然後剩下一個疲憊不堪的老三西蜀，就非常好對付了。

幸好曹丕沒有採納劉曄的意見。否則，劉備伐吳的結果，就是給西蜀和東吳都帶來災難式的後果，白白成全了曹魏。

關於這個問題，諸葛亮早在十多年之前就知道了。當年在寫〈隆中對〉的時候，我們這位二十七歲的孔明先生就已經說得很清楚了，聯合東吳北拒曹操，這是西蜀的生存之道，也是西蜀的發展之道。

所以，經過以上分析，我們就得出結論，劉備討伐東吳，是以報仇為理由進行的一次軍事冒險，不符合西蜀的根本利益，也不符合當時的天下形勢。

這個問題，劉曄能看出來，您想想諸葛亮能看不出來嗎？

他肯定能看出來。

那麼，我們不禁就要問一個問題了，為什麼諸葛亮看出來了，卻沒有勸阻劉備呢？這個事情很蹊蹺啊！史書記載，劉備要伐東吳的時候，首先出來勸阻的是趙雲，然後還有一句：「群臣諫者甚

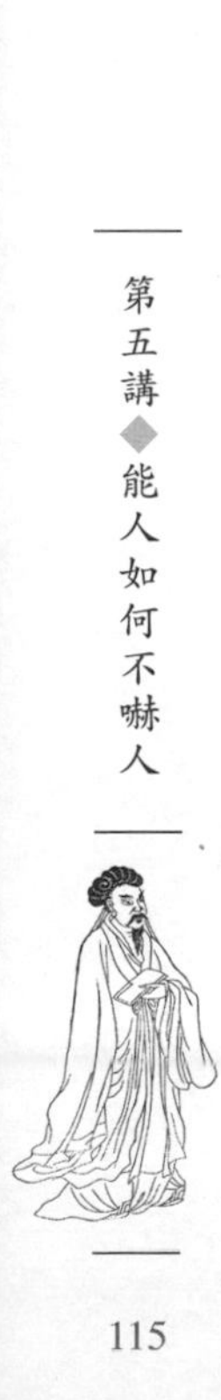

眾，漢主皆不聽。」大家都出來全了，唯獨沒有諸葛亮勸阻劉備的記載。

你看，諸葛亮當時完全可以站出來說：「主公你錯了，不要這樣做啊！」他甚至可以聯合很多大臣，上書或者當庭抗辯，逼迫劉備就範，甚至採取不配合的手段，拒絕執行劉備的命令。這樣，不就可以避免後來的火燒連營七百里了嗎？

確實，這樣或許能避免一個災難，但是這樣肯定會激發一個更大的災難。這個災難是什麼呢？就是一把手劉備和二把手諸葛亮的完全決裂和徹底對抗，用一次高層分裂和內部動亂，避免一次軍事冒險失敗的可能性。這個買賣值嗎？肯定不值！

以諸葛亮當時的二把手身分，是絕不能聯合很多人一起和劉備爭辯的。一旦聯合了，爭辯了，就會出現更大的內部危機。說小了是拉幫結派，說大了就是逼宮，就是奪權啊！

那麼，不拉人，自己說行不行？也行，但是需要考慮場合。

大家注意有一句話叫做「位高而諫以為有私」，什麼意思呢？就是地位太高的人，給領導提意見一定要謹慎，否則容易引起別人的誤會。比如你是二把手，你在大會上點著鼻子給領導提意見，提對了，你叫迫不及待；提錯了，你叫別有用心！兩種情況都沒有好結果。所以位高權重的人，如果給一把手提意見有三個原則：一、最好借助一個職位相對低一些的人去提，自己不要提。所以我們可以相信，有可能趙雲提意見，就是諸葛亮授意的。因為趙雲一直和諸葛亮配合得很好，能給趙雲錦囊妙計，就一定也能安排趙雲替自己提反對意見。二、如果是自己親口提，一定要在小場合，這個叫「當眾提意見叫拆臺，私下提意見叫補臺」。有不同想法，可以等散會以後，到領導辦公室裡邊，關上門悄悄說。所以，我們也可以懷疑，諸葛亮是給劉備提了意見和建議了，只不過是在非常私密的場合下單獨說的，保密工作很好，就沒有記載下來。三、邊幹邊說，無論有什麼不同意見，如果領導沒有採納，絕對不能停下手裡的工作。而且工作一旦過了決策階段，進入執行階段，絕不能四處散播不同想法，干擾大家的工作幹勁。這叫做「關起門民主，打開門記住；決策階段民主，執行階段集中」。

管理智慧箴言

關起門民主，打開門記住；決策階段民主，執行階段集中。

諸葛亮應該是借助一些有效的管道，私下提過意見了，但是沒有被劉備採納。劉備按照慣例，依然安排諸葛亮守後路掌管後勤，自己就帶著大兵出發了。這個時候的孔明，沒有急頭敗臉、大呼小叫地衝上去阻擋劉備。相反，他以積極的態度投入了後勤保障的工作當中。

這個策略叫做「積極而不著急」。一個能人在幹工作的時候，態度可以很積極，但是情緒一定不能著急。領導一有困難你就著急，說明你懷疑領導的能力；領導一和美女溝通你就著急，說明你懷疑領導的人品。這都是不對的。

而且事業是大家的，不是你一個人的，責任是領導的，不是你的。你著急，你大喊大叫是什麼意思？你是不是要奪權啊？

就好比同事的未婚妻扭了腳脖子了，你幫忙送醫院，你說你能著急嗎？你再著急，也不能超過同事的著急程度。你要是上躥下跳，比同事還心疼，那估計就要打架了。就算是真心疼，你也得忍著。這叫角色意識。

不在其位不謀其政，不在其位不能亂著急，否則會引起領導誤會。

所以諸葛亮很謹慎地控制住了自己的情緒。與此同時，他做了很細緻的工作。儘管不能阻止劉備起兵，但是他對失敗的風險做了必要的估計，採取了一些預防的措施。比如《三國演義》記載八陣圖嚇退陸遜，就是諸葛亮為防範失敗做的準備。同時，劉備沒有讓諸葛亮上前線，諸葛亮就一直在後方工作，並沒有死乞白賴要上前線來。這也符合我們前邊說的，放下擅長的，做好應該的，能人以服從指揮為最重要。

後來，劉備感覺到自己大限將至，而且形勢危急了，這才派人召諸葛亮到永安見面。

諸葛亮是一個非常能掌握工作節奏的幹部，沒有命令的時候，就兢兢業業、踏踏實實在那裡做好本職工作。一旦有了命令，立刻安排好手中的工作，以最快速度來到了永安。

這叫什麼？這叫做「不叫不到，一叫就到，隨叫隨到」。一個掌握工作節奏的能人才能讓領導有充分的信任。

到了永安，劉備囑以後事，把收拾殘局的艱巨任務都託付給了諸葛亮。其實這種行為本身，也可以視為劉備對自己錯誤的反思和對孔明正確意見的肯定。

自赤壁之戰以來，諸葛亮終於走到了可以從政治、軍事全面施展自己才華的位置上。不過當時的形勢確實萬分危急，大軍新遭失敗，元氣大傷；東吳大軍壓境，氣勢逼人；南方地區少數民族造反脫離政府；北方曹魏虎視眈眈，連續派人下蜀，要求蜀漢俯首稱臣；後方還有黃元在成都附近趁亂造反。那形勢真是內有外患，危機四伏。不過，對此早有準備的諸葛亮信心十足，迅速走上了工作崗位，採取了一系列有效措施，終於化險為夷，幫助新生的蜀漢政權迅速轉危為安。那麼，諸葛亮都採取了哪些措施來應對危急呢？在這個過程中，他又使用了什麼樣的策略呢？請看下一講。

第六講

穩定人心有良方

生活是海洋，隨時會起波瀾，隨時會觸暗礁。每個人、每個團隊在前進的過程中都有可能會遇到危機，那麼作為一個領導者、帶頭人，在隊伍遇到危機的時候，應該如何採取行動呢？——其中最關鍵的一條就是要穩定人心。在這方面，諸葛亮就做得非常棒，今天我們要給大家講講諸葛亮穩定人心的智慧。

西元二二三年八月，十七歲的劉禪心急如焚，他剛剛當了皇帝，寶座還沒有坐熱，前方就傳來緊急消息，說曹魏起五路大軍氣勢洶洶前來討伐。哪五路呢？第一路，曹真為大都督，起兵十萬，取陽平關；第二路，反將孟達，起上庸兵十萬，犯漢中；第三路，東吳孫權，起精兵十萬，取峽口入川；第四路，蠻王孟獲，起蠻兵十萬，犯益州四郡；第五路，番王軻比能，起羌兵十萬，犯西平關。五路大軍合計五十萬人，從北面、西北面、東面、東南面浩浩蕩蕩殺來。蜀漢建國以來，從來沒有面臨過這樣強大的敵人，更何況此時的蜀漢已不比當初，五虎大將已亡四人，夷陵慘敗，喪失精銳，面對敵人的多路進攻可如何是好？

劉禪（西元二〇七—二七一年），蜀漢後主，字公嗣，小名阿斗，劉備的長子。母親是昭烈皇后甘氏。三國時期蜀漢第二位皇帝，西元二二三—二六三年在位。西元二六三年蜀漢被曹魏所滅，劉禪投降曹魏，被封為安樂公。

更讓他心急的是丞相諸葛亮一連幾日閉門不出，概不見客，在這生死存亡的危急時刻，諸葛亮居然「罷工」了，這到底是為什麼呢？

難道是諸葛亮不滿意目前的地位和待遇？還是諸葛亮對自己有意見？或者諸葛亮真的起了二心？剛剛登基的小皇帝滿腹狐疑，決定親自登門看個究竟。

到了相府，門吏伏地而迎。後主就問：「丞相在何處？」

門吏給出了一個特別搞笑的答案：「不知在何處。」大家看看，諸葛亮對劉備父子的策略很相似——關鍵時刻「玩消失」。當年劉備三顧茅廬，就是找不到人，現在劉備兒子來訪，也同樣找不到人。

後主於是下車步行，獨自進到第三重門，遠遠看見孔明先生手執一柄竹杖，正悠然自得地在小池邊觀魚呢。那一池碧水當中，幾十頭金魚有靜有動，忽上忽下，有的呆若木雞，有的快如飛鳥，非常好看。

大家想想，後主看到這個場景心裡會是什麼滋味？——我這裡火上房了，等你來救火，你倒好，不慌不忙在家看金魚。這哪裡是看金魚，分明是看我的笑話啊！

所以《三國演義》中描寫到「後主在後立久，乃徐徐而言」，意思是後主在孔明身後站了有十分鐘，然後才慢慢悠悠地開口說話。光是這個「站了很久，徐徐說話」這兩個動作，我們就可以想像後主當時的心情——那一定是驚訝、氣憤、無奈再加上酸楚，那滋味真是喝咖啡就大蒜，再加半

碗老陳醋，又苦又辣還有點酸！

那麼後主開口說的是什麼話呢？這位小皇帝也不是省油的燈，他不陰不陽地說了一句：「丞相安樂否？」意思就是：「老大，你過得開心嗎？」

孔明回頭，見是後主，慌忙棄杖，拜伏於地。後主扶起孔明，問到：「今曹丕分兵五路，犯境甚急，相父緣何不肯出府視事？」

孔明大笑，扶後主到內室坐定，然後奏道：「五路兵至，臣安得不知，臣非觀魚，有所思也。我早部署了退敵妙策了。」這麼一句話讓後主懸著的心一下就落了地，彷彿大旱天總算盼到下雨，迷路的孩子找到家一樣。

說到這裡，我們就要分析一下了，為什麼那邊曹魏大軍五路敵人日益逼近，諸葛丞相卻一點都不著急，反而安安穩穩地在家裡看魚呢？諸葛亮葫蘆裡賣的是什麼藥？

其實孔明先生這樣做是有深意的。這一段故事在《三國演義》中叫做「安居平五路」，其實五路敵人多是虛張聲勢，平五路不難，但穩定人心最難。如果人心不穩，上上下下都驚慌失措，那局面就不堪設想了。

怎樣穩定人心呢？諸葛亮想了一個妙招，就是「安居平五路」中的「安居」兩個字。通過安居娛樂，讓大家看到，我很輕鬆，一點也不著急。這一招是非常高明的。

我們的身邊經常會看到這樣的情況：就是組織剛剛遇到點問題，還沒等搞明白怎麼回事，領導者自己就先坐不住陣了。這樣自亂陣腳很容易釀成大錯。舉個例子，我以前搞過財務，認識一些搞財務的朋友。有這麼一位朋友，在一個大公司擔任財務負責人，有一次年底結帳，客戶來投訴付款有問題，下邊的會計一查，發現真的有兩筆錢付錯了，再一查，是這位負責人親筆簽批的，而他自己一時之間根本就想不起來了。這是一個向來以嚴謹認真著稱的人，一見這個他就急了，連夜組織財務人員加班清查，什麼業務部、行銷部、結算中心，挨個親自打電話核對，折騰得雞飛狗跳，還在樓道裡就和下邊的出納大發雷霆，搞得全公司上上下下都知道財務部出問題了。結果折騰了一天一夜，最後才發現，其實根本沒有付錯，只是新上來的會計記帳的時候出了點小漏洞，沒有向客戶及時通報而已。

大家虛驚一場。不過這一折騰，真的鬧出問題了。一是全公司的人，包括公司領導都對財務部付款的準確性起了懷疑，財務部以及這位朋友本人的聲譽都大受影響；更要命的是那天熬夜加班清查的時候，有個小夥子半夜出去買東西吃，回來時公司大門關了，翻門而入時把腿摔骨折了。這真是「屋漏偏逢連夜雨」，不久這位朋友也離開了那家公司。

事後他自己痛心疾首地說，要是當初別那麼著急發慌，沉住氣，再等一等，看一看，第二天保准搞個一清二楚，什麼問題都不會發生。

所以，當領導的遇到問題的時候，一定要沉住氣。領導慌一分，下屬就能慌十分，萬一再有人乘機煽陰風點邪火，那就真的要出大事了！領導遇到問題的時候，一定要穩住心神，有句話說得

好——「任憑風浪起、穩坐釣魚船」。諸葛亮在這裡之所以要運用觀魚策略，原因就在此。

諸葛亮的思路是這樣的——你看，敵人氣勢洶洶來了，而我們自己剛剛吃了敗仗，元氣大傷，老領導也去世了，大家心裡沒底，很慌張。越是這個時候，我越是不著急，我越是要處之泰然，要放鬆，在家裡聽聽音樂，看看金魚。

為什麼要這樣做？道理很簡單，現在局勢不明朗，很多人都沒了信心，如果這個時候領導慌亂起來，吃不下，睡不著，忙裡忙外，神情緊張，那所有支持我們的人就得到一個信息，真的出大事了，你看，領導急成這樣，看來我們要不行了。於是支持的人就會失去信心、亂成一團；那反對我們的人呢，也得到一個信息，你看，這小子急成這樣，看來他要扛不住了，我們趕緊動手吧，於是反對的人就會乘機作亂。支持的人人心離散，反對的人乘機作亂，這樣一來，局勢就真的失控了，真的要一發而不可收拾。

相反，在這個危機的時刻，做領導的不著急不著慌，該吃就吃，該睡就睡，而且就是要放鬆，要看金魚，要聽音樂，要喝啤酒，看世界盃，顯得輕鬆自如、從容不迫。這就向所有人傳達了一個信息——沒什麼大不了的，我一點也不擔心！

於是，所有支持的人就有了核心力量，各司其職、安心工作；而那些反對的人就不知道水深水淺，不敢輕舉妄動，這樣一來，就可以安然度過危機。

這個策略就叫做——以無事之心處有事。要鎮定自若應對危機，越是有大事的時候，當領導的越是不能驚慌失措。

當然，面對敵人的進攻，僅有不慌張是不夠的，你真得拿出辦法才行。所以，後主就問孔明：「我們該如何退這五路敵兵呢？」

這時諸葛亮把計策和盤托出：一、馬超素得羌人之心，羌人以超為神威天將軍，已令馬超緊守西平關，伏四路奇兵，每日交換，這一路敵人可以不用擔心了；二、南蠻孟獲，兵犯四郡，已派遣大將魏延領一軍左出右入，右出左入，這叫疑兵之計。蠻兵多疑，若見疑兵，必不敢進，這一路又不用擔心了；三、叛將孟達與李嚴曾結生死之交，已模仿李嚴筆體寫了一封書信令人送給孟達，有了這封信，孟達必然推病不出，這一路敵人也就退了；四、魏將曹真引兵犯陽平關，此地險峻，已調趙雲引一軍守把關隘，並不出戰，曹真若見我軍不出，不久便會自退；五、東吳這一路兵，如見四路兵勝，川中危急，必來相攻，若四路不濟，自然退去。而且為了保險起見，密調關興、張苞二將，各引兵三萬，屯於緊要之處，為各路救應。

後主聽完，禁不住喜上眉梢，滿天烏雲都散了，這緊張之後的輕鬆才是真正的輕鬆，就像經過了嚴冬才能體會到春天的美。後主現在的心情，那是美滋滋甜蜜蜜樂呵呵。他還在相府裡和諸葛亮喝了幾杯小酒，乘著酒興，興高采烈地回皇宮去了，估計一路上都在哼著小曲兒「我們的生活比蜜甜」。

後主是輕鬆了，可諸葛亮卻一點也輕鬆不起來。自從劉備臨終託孤，諸葛亮接管軍政大權以

來，他就一直竭盡全力，也可以說是挖空心思，認真解決一個大問題。什麼問題呢，就是穩定人心的問題。

西元二二三年的蜀漢確實是危機四伏：軍事上，夷陵慘敗，元氣大傷；政治上，劉備病故，政權不穩；南方有少數民族造反；北方有曹魏虎視眈眈；前有東吳得勝，氣勢逼人；後有黃元作亂，內戰爆發。如此內憂外患，搞得上上下下人心惶惶，從官員到百姓，大家心裡都很慌亂，信念危機正像瘟疫一樣在人們心中蔓延。如何穩定人心呢？諸葛亮採取了四個非常有效的辦法，我們逐一給大家分析一下！

策略一

穩定班子，各就各位

一個圓要穩定，首先就要穩定它的圓心。圓心不穩，整個圓都不穩定。一個組織要穩定，首先要穩定的就是領導班子。

所謂各就各位，就是迅速確定新領導班子的人員，讓每個人都有明確的身分和位置，這樣可以避免內部動亂和權力糾紛。

好比我們坐火車出去旅遊，進了車廂後，乘務員喊：「請大家找到自己的座位，迅速入座。」為什麼？坐下就不擠了，只要各就各位，現場就會穩定，就有了基本的秩序。

管理也是這樣。古往今來，在新舊交替、權力交接的過程中，圍繞爭權奪位而爆發的動亂多得數不勝數。這就好比那個搶椅子的遊戲，如果不確定誰坐上椅子，那麼現場肯定亂作一團；如果把每個人的名字提前都標到椅子上，大家就各安其位，混亂也就消除了。

所以諸葛亮在劉備死後做的第一件事情，就是給皇室成員排位置，把椅子都貼上標籤，讓大家都坐下。不過在排位置之前，他還做了一個更加緊迫的工作，這件事對穩定局勢、穩定人心至關重要，但是又特別容易被人忽略。那麼這件事是什麼呢？就是公布劉備的遺囑。

大家注意，在重大事件發生的時候，人們最需要的是什麼？就是獲得信息。公開信息是非常關鍵的。你看，有些人沒有這個意識，處理熱點問題，信息不公開，情況不通報，本來是想圖省事，想等八字有一撇了，再向大家說吧。

可是，在熱點問題上，公眾是有強大的獲知信息的需求的。在信息的園地，你不種菜，就有人種草，而且種的是惡性的雜草，結果呢，小道消息滿天飛，網際網路上全是猜測，街頭巷尾全是謠言。好端端的事情，傳來傳去就傳出了問題。

穩定人心必須要公開信息，諸葛亮深深明白這一點。

所以，他抓緊第一時間公布遺囑，這樣做有三個好處：一是打消眾人的疑惑和猜測，二是不給

製造謠言的人以口實；三是增加下一步人事安排的權威性。

劉備的遺詔分為三個部分。一是病情通告，劉備得的到底是什麼病呢？他自己的遺囑是這麼說的：「朕初得疾，但下痢耳；後轉生雜病，殆不自濟。朕聞『人年五十，不稱夭壽』。今朕年六十有餘，死復何恨？」

皇帝去世，病情通報至關重要。「皇帝到底怎麼死的？」這個問題太可怕了，有些人可以利用這個問題大做文章，可以造謠誣陷，可以追查牽連，可以懷疑猜測，而且有這種想法的人大有人在，很多人都盼著這個機會呢。

諸葛亮必須要讓大家知道，劉備是正常死亡，「死而有因，死而無憾」，而且這一切是主公劉備自己親口說的。說到這裡，我們不僅要佩服一下劉備。在遺詔的開頭，劉備不談天下局勢，不談政治軍事，一上來就認認真真把自己的病情和心情都交代清楚，這實在是一個很有遠見的舉動。此舉既給懷疑擔憂者吃了定心丸，也絕了借題發揮者的邪念。

遺詔的第二部分是對兒子劉禪的勉勵：「勿以惡小而為之，勿以善小而不為。惟賢惟德，可以服人。」這是告訴孩子，做大事要從小處著眼。作惡就像養馬，惡不分大小，惡念一起，就如野馬脫韁，停也停不了，收也收不住。行善就像種莊稼，善念一起，就如埋下小小的種子，不久就有花果飄香。像我們平常隨手關燈，側身讓路，愛護花草，再小的善事也是修養，一份修養一份成就。做大事的人，小處不可隨便！

劉備為什麼講這個話呢？因為兒子小小年紀就榮華富貴、少年得志，少年得志的人往往不在意小節。說大話，做大事，吃大餐，送大禮，大手大腳，小節上根本不在乎，小善不上心，小惡不介意，天長日久，導致災禍。所以劉備才給作為「富二代」的兒子寫下這句話——「勿以惡小而為之，勿以善小而不為。」

遺詔的第三部分，是對諸葛亮地位和權威的肯定：「卿與丞相從事，事之如父，勿怠！勿忘！」囑咐劉禪對待諸葛亮要像對待父親一樣，你想，諸葛亮的地位有多高！

有了這個遺囑的公開發表，穩定大局、重振民心就有了輿論基礎和政治基礎。接著，諸葛亮展開一系列的組合拳：一、立太子劉禪即皇帝位，改元建興；二、加諸葛亮為武鄉侯，領益州牧；三、葬先主於惠陵，謚曰昭烈皇帝；四、尊皇后吳氏為皇太后；五、謚甘夫人為昭烈皇后，糜夫人亦追謚為皇后；六、升賞群臣，大赦天下。

諸葛亮就像火車上的列車員，把一車廂亂哄哄的人逐一都安排到了自己的座位上。在穩定朝局以後，諸葛亮接下來做了一件什麼事情呢？這件事情也出乎群臣的意料——諸葛亮開始給後主張羅親事，為什麼要給後主張羅親事呢？

給皇帝娶親這件事一來可以彰顯諸葛亮和皇帝的特殊關係，強化自己的地位；二來可以借聯姻鞏固政治聯盟；三來皇帝有了家室，有利於自我約束，防備年少胡來；四是可以絕了小人們借此事向皇帝獻媚邀寵的可能性。這叫做未治國，先治家。先穩定後院，才能搞紅火前院。

那麼，給後主娶誰當老婆呢？當年，劉備在娶孫權妹妹這件事情上，又想娶又怕危險，在最猶豫不決的時候，諸葛亮給劉備吃了定心丸，他告訴劉備「不入虎穴，焉得虎女」，一錘定音！

現在，在劉禪娶誰做老婆這個問題上，諸葛亮也是一錘定音：「故車騎將軍張飛之女甚賢，年十七歲，可納為正宮皇后。」在他的主持下，劉禪娶了張飛的閨女做老婆。

這是一門好親事啊！我們說，戀愛是兩個人的事情，結婚是兩群人的事情。劉禪和張飛之女結婚，它是劉關張鐵三角的延續，強化了政治聯盟，穩定了核心團隊，而且張飛的女兒有乃父之風，正直剛烈，以後後宮會少很多負面問題。

至此，劉禪的家事全部搞定。大家看看，活著的、死去的，男的、女的，領導、下屬，所有人都名分已定，各歸其位。這叫做「名正則言順，位定則心安」。

策略二

被動出場，強化權威

諸葛亮使用的第二個策略是被動出場，意思就是有了問題，我不主動上前解決，而是等人來請，有人來請來求了，再出面解決。

話說曹魏五路大軍來取西川，丞相卻連續幾天不出來料理事務。後主派人去宣召諸葛亮入朝，卻回說丞相染病，不能出來。第二天，眾官在相府前等了一整天，仍不見人出來。杜瓊入奏，請後主聖駕親自前去。於是出現了我們這一講一開頭的場景。

其實諸葛亮完全可以用另一套方法。比如，發現問題以後，主動研究，積極彙報，不等後主來找自己，就主動進宮彙報，告訴後主自己已經安排好了一切，請皇帝放心。這樣主動彙報，效果不是更好嗎？為什麼非要閉門不出，等人家著急了，上門來找自己呢？

其實這就是諸葛亮的一個強化權力的策略。這裡面有兩個細節，第一個細節是後主到了相府，門吏說：「丞相鈞旨，教擋住百官，勿得輒入。」這個意思就是無論哪家大臣來了，也絕不允許入內。那麼，誰來了可以入內呢？當然只有皇帝了。諸葛亮這個命令的潛臺詞就是：非要等後主來請，我才出門上班。

第二個細節是後主過了三道門，看到了諸葛亮正在欣賞金魚，於是自己就一聲不吭在一邊站著。整個場景就變得很有意思了，諸葛亮一直在那裡看魚，後主一直在旁邊站著。看魚的不回頭，站著的也不吭氣。這個場景讓我們不禁想起三顧茅廬時，諸葛亮在上邊躺著不動，劉備在下邊站著不出聲的場面。總感覺諸葛亮有點裝沒看見的意思。

通過這兩個細節，我們得出一個結論：第一，諸葛亮一定要等後主主動登門，才肯出面力挽狂瀾；二是諸葛亮一定要等後主主動開口。

這就是為了強化自己的權威性。前邊講了，動手太早，效果不好。在蜀漢政權的分工當中，劉備一直安排諸葛亮做的是民政、後勤工作，沒有單獨執掌過軍事。現在掌管了全面工作，諸位大臣萬一不服氣怎麼辦？萬一不信任怎麼辦？

所以，在正式執掌權力安排工作之前，諸葛亮需要使用有效手段增加自己的權威性。那麼他用的這個手段叫做借力法。

什麼是借力法？我來做個比方，比如我們自己是小螞蟻，個不夠大，分量也不夠足，周圍人都要踩我們，怎麼辦？方法很簡單，我們就站在大象的背上，這一下分量就足了，看誰敢踩？這就是借力法。

只有權威才能增加權威，只有權力才能製造權力。諸葛亮其實就是在借後主的權威性，增加自己的權威性。

他故意不出面，等後主上門來請，讓滿朝文武都看到，皇帝對自己的認可度和信任度。這樣一來，周圍的人自然就心服口服了。

這一招我們現在也有很多人在用，你看，單位提拔一個新領導老劉，同事們都覺得這個老劉每天都見，就是一個普普通通、見誰都笑瞇瞇的知識分子，他有什麼本事？憑什麼提拔他？這個時候怎麼辦？就需要搞一個就職儀式，把什麼老領導、老權威、老專家都請來，讓這些人個個都誇老劉能力強、水準高、才華出眾。經過權威專家這麼一誇，眾人就會對老劉刮目相看。借力法又叫「抬轎子」，今天我抬你，明天你抬我，抬的人越高，坐的人就更高。諸葛亮就是在讓劉禪給自己抬一把轎子，以確立自己在蜀漢政權中軍政總攬的絕對權威性。

「安居平五路」的典故在歷史上有沒有呢？沒有記載。

就像我們前邊說的，它不是《三國志》的真身智慧，它屬於《三國演義》的化身智慧。在這一段描寫當中，既包含了穩定人心的高明的技巧，也確實有一點過火之處。過火之處在哪裡呢？我們來分析一下。

首先，我們注意到，整個平五路的軍事安排，調動趙雲、馬超、魏延、關興、張苞等數員大將以及十幾萬人馬，居然連皇帝本人，還有中央政府各有關部門都蒙在鼓裡，一無所知。這也有點太駭人聽聞的味道了。這恐怕不是為臣子、做下屬應該做的事情。

我們現在經常講授權，經常會看到這樣的場景，領導交給下屬一件事情，說：「授權給你啦，你去做吧，我聽你的！」下屬很高興，於是就翻身上馬，撒著歡兒絕塵而去，消失在白茫茫的霧裡，十天半個月沒一點音信。這對不對呢？當然不對！

授權有一個基本的原則，作為下屬，可以替代領導行使決斷權，但是不能剝奪領導的知情權。尤其是在關係國計民生、安危存亡的重大事情上，剝奪領導的知情權，這離陰謀就不遠了。

不過，有一點還真是存在的，就是劉備要求兒子尊諸葛亮為父，後主劉禪確實這樣做了。在中國歷史上，皇帝管自己的下屬叫爹的例子也是絕無僅有的。這個身分其實把上級和下屬雙方都放在了很尷尬的位置上。

也幸虧有諸葛亮的忠誠，加上劉禪的厚道，所以雙方之間沒有釀成什麼災禍。用今天的管理眼光看，下屬確實需要有足夠的授權，但是無論如何，下屬也不能凌駕於領導之上，一個下屬可以讓領導給自己抬一抬轎子，但是無論如何不能騎在領導脖子上，這是絕不應該的，否則就是內亂的開始。

我們在讚許諸葛亮忠誠的同時，對於先主劉備的知人善任和後主劉禪的厚道寬容也十分的欽佩。

信任是一個水杯，才華是一杯熱水。有多大杯子裝多少水，有多少信任施展多少才華。如果水量大過杯子，那就要燙到自己了。諸葛亮之所以能施展自己的才華，與兩代領導人的充分信任是密不可分的！

管理智慧箴言

信任是一個水杯，才華是一杯熱水。有多大杯子裝多少水，有多少信任施展多少才華。

在穩定了權力核心，增加了個人權威的同時，諸葛亮還使用了第三個策略——

策略三

亮出膽識，增加信心

諸葛亮為什麼要運用這個策略呢？因為，敵人在強大的軍事進攻之前，還安排了強大的宣傳攻勢來瓦解蜀漢軍民的鬥志。

諸葛亮做好了迎戰五路敵人的準備，結果五路敵軍還沒到的時候，下書人先到了。曹魏的司徒華歆、司空王朗、尚書令陳群、太史令許芝、謁者僕射諸葛璋五個人都寫書信給諸葛亮，陳言天命，講解局勢，對諸葛亮進行勸降，同時大造聲勢，瓦解蜀漢軍民的信心。敵人真是文武並舉，外有軍事進攻，內有政治勸降，企圖利用劉備已死、人心離散的機會，逼迫蜀漢就範。

為了回擊敵人，也為了鼓舞軍民的必勝信心，諸葛亮親筆寫了一篇正議。在這篇文章裡，諸葛亮義正辭嚴地回絕了敵人的誘降，貶斥了敵人的狂妄。而且他還列舉了生動的例子，證明強大的敵人並不可怕。孔明先生寫道：「昔世祖之創跡舊基，奮羸卒數千，摧莽強旅四十餘萬於昆陽之郊。夫據道討淫，不在眾寡。」這個例子是西元二三年東漢開國皇帝劉秀指揮的昆陽之戰。昆陽之戰是中國歷史上著名的以少勝多的經典戰役，在那個戰役當中，劉秀僅僅依靠八千人的部隊就打敗了王

莽四十萬大軍。所以，諸葛亮說，人家能做到的我們也可以做到，正義的戰爭不在於人數多少。

接著諸葛亮又慷慨激昂地說：「軍誡曰：萬人必死，橫行天下。過去軒轅皇帝只有數萬軍隊，照樣制四方，定海內，何況我們現在有數十萬大軍，伸張正義，討伐奸賊，勝利一定屬於我們！」

這篇文章一經公布，極大地打擊了敵人的囂張氣焰，同時，也讓蜀漢上上下下所有的人，都增添了必勝的勇氣和信心。

面對強敵，在生死存亡的關鍵時刻，確實需要有人挺身而出，做大家的核心力量，向大家輸出勝利的信念。

我們把這個策略叫做：領導者要善於做隊伍的「膽」和「眼」。所謂膽，就是別人害怕的時候，領導者自己要從容鎮定，不能慌張；所謂眼，就是大家看不到未來的時候，領導者要替大家指明未來。

管理智慧箴言

領導者要善於做隊伍的「膽」和「眼」。

我們在這裡舉個例子。有一個年輕的船長率領一支船隊橫渡大海，出發之前退休的老船長給了他一張紙條，告訴他一旦遇到死亡風暴，一定要站到船頭，打開這個紙條，大聲念上邊寫的字，這樣可以拯救全船的人。結果，在歸來的路上真的遇到了死亡風暴從天邊席捲而來，整個船隊的人都慌了，人們開始爭搶救生用品準備逃生，就在這一關鍵時刻年輕的船長走到了船頭最靠前的位置，打開了紙條，上邊的內容很簡單，只有一句話：「港口就在前邊！」於是，年輕的船長單手抓著纜繩，高喊：「不要亂！我看到港口就在前邊！大家堅持住！」人們一聽快到岸邊了，再一看船長站在那裡都不怕，於是人群逐漸平靜下來，各自回到了自己的崗位上。緊接著鋪天蓋地的風暴就來了，折騰了一個小時，等風暴過去以後，奇蹟發生了，整個船隊有好多船都被摧毀了，但是唯獨年輕船長所在的船毫髮無損。這是為什麼呢？靠岸以後，老船長告訴年輕人，其實風暴不可怕，風暴來的時候，只要划槳的努力划，掌舵的認真掌，調帆的及時調，船隊是完全可以衝出風暴的。但問題就是往往在風暴來的時候，人們都慌亂了，划槳的不划槳，掌舵的不掌舵，調帆的不調帆，於是船很快被風暴摧毀。

一艘船不是被風暴摧毀的，而是被風暴帶來的恐慌混亂摧毀的。困難和危險並不可怕，可怕的是困難和危險引起的恐慌混亂。因此在危急時刻，船長就要站在最關鍵的位置上，展示自己的勇氣和鎮定，並指引大家看到前方的希望。只要大家不慌不亂，各司其職，船自然就可以抗擊風暴並衝出風暴。

古往今來所有的成敗例子都向我們證明了一點：一支隊伍往往不是被困難打敗的，而是被困難帶來的驚慌混亂打敗的。在危機面前信心比金子還寶貴！如果危機來了，大家沒有這個信心怎麼

辦？領導者就要挺身而出，用事實說服、用目標鼓舞、用行動示範，給大家灌注這個信心。只有這樣，才能戰勝敵人，取得勝利。

諸葛亮在蜀漢政權最危急的時刻，挺身而出，發揮了「膽和眼」的作用，穩定了人心，穩定了局面，為蜀漢政權的生存和發展爭取到了金子一樣寶貴的信心。

現在，我們看到，蜀漢政權已經有了穩定的權力核心，有了必勝的信心，諸葛亮也樹立了個人的管理權威，有了這些，夠不夠呢？還不夠，諸葛亮又運用了第四個策略——

策略四
遠大目標，激勵鬥志

做事業要樹立遠大目標。為什麼要有遠大目標呢？有人說了，沒有遠大目標也一樣可以做事情啊。我有一個朋友就說：「我們公司沒有什麼遠大目標，就是掙錢唄，養活老婆孩子，過上好日子，這多實在！」我當場奉送他一句話：「做大事，沒有錢是不行的，但只有錢是不夠的！一定要有遠大目標。」

這裡舉一個大家都比較容易理解的例子，《水滸傳》中有個例子特別典型。在英雄排座次之前，宋江在忠義堂前豎起了一杆大旗，上書四個大字——替天行道！我們說這是宋江特別高明的地方。

梁山的錢從哪裡來？搶的。讓英雄好漢去搶錢，他們覺得丟人，沒人願意去，因為沒有認同感。光有能力，沒有事業的認同，是不可能出業績的。

所以，宋江豎起了這杆大旗，他告訴兄弟們，我們不是劫道，我們這是替天行道，老天爺派我們來的。我們搶來錢給自己花，那是為天下養英雄；給別人花，那是做公益事業。我們根本不是劫道，我們的行為叫做「有組織武裝募捐」。搞完這個教育，你再看，所有的英雄好漢都主動完成任務了！這個道理就是——做事業不光要給利益，還要給意義！讓人一時努力，有利益就可以；讓人一直努力，就必須要有意義。

所以，俗話說得好：「萬丈高樓平地起。」一萬丈的高樓，也是一塊磚一塊磚慢慢壘起來的，一個領導者從打地基開始，心中已然有萬丈高樓，而下邊具體做事情的人，每天看到的就是和泥壘磚，和泥壘磚。領導要做的，不是讓下屬熱愛這攤爛泥或者這幾塊冷冰冰的板磚，而是在下屬和泥壘磚的時候，在他面前展開一幅壯麗的畫卷，告訴他——小夥子，你不是在壘磚，你是在蓋世界上最壯麗的大廈。這個大廈對國家、民族有多大意義，這個大廈對我們周圍的人、我們的子孫後代有多大意義。它排全國第幾，世界第幾。這種方法就叫做遠景規劃和遠大理想提升。

講完這個後，再告訴他，大廈蓋好以後，第七層從右往左數第三套將來就歸你了！這叫遠景規

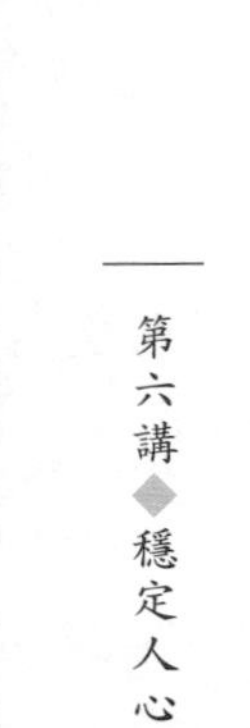

劃、遠大理想提升，再加上個人目標的實現。這三樣加在一起才能吸引大家投入到我們的事業當中。

諸葛亮很清醒地看到了這個問題，在政權建立初期，他就壯懷激烈地喊出了「攘除奸凶，興復漢室！」和「漢賊不兩立，王業不偏安！」的口號。用遠大的目標激勵了整個隊伍的士氣，鼓舞了大家必勝的決心。幹事業就是這樣，要一邊給實惠，一邊給理想。實惠解決一時，理想才能解決一直。

管理智慧箴言

幹事業就是這樣，要一邊給實惠，一邊給理想。實惠解決一時，理想才能解決一直。

經過精心的謀劃、周密的實施，蜀漢政權上上下下終於士氣大振，人人摩拳擦掌，準備北伐中原，擔當起興復漢室的大任。不過孔明先生又面臨著新的挑戰。俗話說得好，人上一百形形色色，林子大了什麼鳥都有，這麼大一支隊伍，自然也是什麼人都有——有的人是態度問題，有的人是能力問題；有的人那叫黃鼠狼給雞當保母，說是好事，沒安好心；有的人那是豆芽充拐棍，扶也扶不起，靠也靠不住。對於這些問題員工，應該如何應對，如何處理？諸葛亮在這方面又運用了哪些策略呢？請看下一講。

第七講

問題員工不手軟

有一句俗語：「畫龍畫虎難畫骨，知人知面不知心。」說的是人心是世界上最難了解、最難預測的，有些人每天都坐在我們對面，對我們微笑，你本以為非常了解他了，結果有一天，他突然做出讓我們大家都意想不到的事情。

西元二二〇年春天，劉備身邊爆出了一樁謀反案件。有消息說馬超要謀反！這個消息可非同小可，馬超是五虎大將之一，不但手下有一撥自己的部隊，而且在西涼地區影響力極大，一呼百應。因此這個消息讓成都的文武百官都十分緊張。不過，大家仔細一打聽，心又放了下來，原來不是馬超要造反，而是有人要慫恿馬超造反。這件事情還是馬超自己主動向劉備彙報的。那麼，是什麼人膽敢如此猖狂，居然要策反馬超呢？

這個潛伏在劉備身邊的間諜不是別人，乃是謀士彭羕。

根據《三國志》記載，彭羕，字永年，廣漢人。身長八尺，容貌甚偉。此人為人一向心高氣傲，好口吐狂言。在劉璋手下做一個小小的書佐，也就是祕書，因為群眾關係不好，得罪了周圍的同事，被眾人告狀，被處以髡鉗之刑，就是剃光了頭髮，脖子上給戴一個鐵環，這是很羞辱人的一種刑罰。

彭羕（西元一八四—二二〇年），三國時蜀官吏，字永年，廣漢（今四川廣漢北）人，官至江陽太守。

後來劉備進入四川，在龐統和法正的推薦之下，彭羕在劉備手下做了謀士，因為彭羕有一定的才華，劉備取得了西川以後，彭羕受到了破格的重用。劉備自任益州牧，也就相當省長，安排彭羕做了治中從事，相當於省政府的副祕書長。這一提拔不要緊，彭羕有什麼反應呢？《三國志》記載了彭羕的表現，說這位仁兄「一朝處州人之上，形色囂然，自矜得遇滋甚。」也就是說彭羕被提拔之後，表現得十分囂張，十分得意，不把別人放在眼裡了。

那諸葛亮對彭羕是個什麼態度呢？大家注意，諸葛亮一輩子最看不上三種人：一是對上不忠，變節投降的人；二是對人不敬，自大狂妄的人；三是野心膨脹，把個人利益凌駕於組織之上的人。大家看看，蜀漢政權裡和諸葛亮鬧矛盾的人，基本上都是這三種人。

所以，小小的彭羕，寸功未見就如此囂張狂妄，引起了諸葛亮十二分的反感。諸葛亮悄悄告訴先主，說彭羕野心很大，需要多做防備。劉備一向很信賴諸葛亮，聽諸葛亮這麼一說，再看看彭羕的行為，確實有一些問題，所以劉備就降了彭羕的職，將他貶為江陽太守。

其實，這是劉備測試彭羕的一個手段。劉備也很高明，他其實是想借著貶職這件事，測試一下

彭羕的工作態度和忠誠度。如果彭羕毫無怨言，愉快地走上新的工作崗位，那麼說不定不久的將來，劉備就會捐棄前嫌，重新重用彭羕。這樣，諸葛亮等等瞧不上彭羕的人也就無話可說了。這對於彭羕本人也是一個改善形象的好機會。

不過彭羕可沒有這個胸懷和眼光。他也不理解一起一落方顯忠誠的基本道理。彭羕正在風光無限、春風得意的時候，忽然接到了貶職的文件，那真好比盛開的花朵遭了霜打，驕傲的公雞挨了水潑。《三國志》中記載，彭羕心裡十分不痛快，於是來拜訪馬超。

馬超就問彭羕：「您彭先生才能出眾，主公另眼看待，十分器重，怎麼突然要外派去一個小地方呢？」彭羕說了一句非常難聽的話：「老革荒悖，可復道邪！」這句話翻譯成現代漢語就是：「劉備這個老傢伙昏庸糊塗，我還有什麼可說的呢？」罵完了，彭羕還覺得不解恨，於是又順口說了一句狠的，就這麼一句話，給彭羕引來了殺身大禍。什麼狠話呢？彭羕對馬超說：「卿為其外，我為其內，天下可定。」這明擺著是攛掇馬超謀反啊！

所以我們常說，病從口入，禍從口出！真是這個道理。彭羕此處發牢騷，其實就相當於今天我們在單位被領導批評了，心裡不痛快。人在不痛快的時候或者找領導去彙報彙報想法，或者自己反思一下，有什麼問題下決心改正，再不行就回家，睡一覺，調整調整情緒。

這些都可以做，然而心裡不痛快，最怕的就是越是不痛快，越是要找人發洩，管不住自己的嘴。所以人在鬧情緒的時候，千萬不能亂說話。

人際關係管理中就有專門應對壞情緒的兩種小方法，一種叫做冷凍法。就是當自己非常生氣的時候，要想像自己是一塊冰，被結結實實冷凍住了，不說也不動，堅持一會，情緒就會逐漸恢復正常。因為所有引發災難後果的行為，都是在發脾氣生氣的頭三十多秒爆發的，比如砸電視、燒房子、打老婆、跳樓，都是這麼爆發的。這叫做魔鬼三十秒。只要在最初怒火爆發的時候，把自己管住，過一會兒冷靜下來也就不會出什麼問題了。另一種叫做轉移法，心裡不高興，實在調整不過來，那就離開現場，換個環境，做點放鬆的事情，比如散散步、聽聽音樂，焚一炷香，讀幾頁書，或者看個電影什麼的，都可以。千萬不能心裡不高興張嘴就說，什麼解恨說什麼。

所以，大家記住，往往當時最痛快、最解恨的話，也是事後最後悔的話！我們每個人都要管住自己的不良情緒，要做自己情緒的主人，而不是情緒的奴隸。

彭羕就是一個管不住自己的情緒，也管不住自己嘴巴的人。他根本沒有調整自己，反思自己，而是一肚子怨恨對著馬超說下了惹下滔天大禍的話。馬超當場默然不答，表現出很不介意的樣子。等彭羕一走，馬超就直接給劉備寫了一個報告，把彭羕的話全部彙報上去了。彭羕因煽動大將造反直接被抓進了監獄。

從這個例子裡邊，我們就能看出彭羕此人情緒大於理智，私情大於事業，特別是管不住自己的嘴！古往今來，有太多的人，敗都敗在這一點上！

彭羕是劉備入川後隊伍中第一個犯了嚴重錯誤的幹部。大家注意，當時劉備手下存在兩大幹部

集團，一個是從荊州入川的幹部，如諸葛亮、趙雲、魏延、馬良等人，另一個則是劉璋手下歸降的幹部，這個群體人數眾多，而且構成十分複雜。劉備最擔心的就是有人乘著自己立足未穩，搗亂鬧事，所謂「一顆老鼠屎，壞了一鍋湯」。正擔心的時候，彭羕自己就冒出頭來了，這下正好撞在槍口上！

《三國志》當中專門記載了一封彭羕寫給諸葛亮的信，這封信當中，彭羕一邊為自己的言行辯解，一面哀求諸葛亮出面說說情，央求劉備寬恕自己。

大家看看，彭羕現在清醒了，知道闖禍了，可是晚了！中國人常說：說出去的話，潑出去的水，覆水難收啊！早知道不該說，當初為什麼不管住自己的嘴呢？彭羕真是後悔莫及。但是此時此刻誰也幫不了他，因為他的行為已經不是發發牢騷、罵罵領導那麼簡單了。他屬於煽動叛亂謀反，而且煽動的是五虎大將之一的馬超。諸葛亮和劉備態度都很明確——一定要處理。

問題員工就像是地雷，很多人在發展事業的過程中都會遇到。這個地雷是引爆處理掉，還是息事寧人繞過去算了呢？

在這個問題上，有人就會犯糊塗。我曾經接觸過這樣一個案例，某單位搞土建工程，開工不久，審計部門就發現有個負責採購的人虛開發票，冒領材料款，於是立刻向領導班子彙報。經過三堂會審，決定給予嚴肅處理。結果這個時候，說情的就來了，當事人自己也痛哭流涕表示要痛改前非。領導心一軟，說那好吧，反正額度也不大，下不為例，事情就馬馬虎虎過去了。

結果這樣一來就糟了。首先周圍人的議論就出來了，一種說領導偏心，一碗水端不平，拿著大家的事業送人情，這還是好的；另一種更厲害，說領導自己也有問題，和出問題的傢伙是一夥的！這下子領導的威信、管理的權威都受到了很大的影響。更要命的是，後來這個工程上接連出了好幾起經濟上的問題，而且金額一起比一起大，這個被饒過的人也牽涉其中。結果，領導自己因監督不力被處分了，不久就調離了原單位，工程也一拖再拖，損失很大。

這就是我們常說的——姑息縱容、貽害無窮。帶團隊就是要敢於和善於使用懲罰手段，該處理就得處理，小病不治會帶來大病，一定要「懲前毖後，治病救人」。就算騎千里馬，手裡也要有根鞭子。沒問題的時候，大家可以一團和氣，有了問題，就是要電閃雷鳴，教育本人，教育周圍人，也挽救事業。因此處理問題員工絕不能手軟，姑息縱容。

那麼諸葛亮是如何處理問題員工的呢？我們來看一看他的具體做法和策略——

策略一
設置底線，留有餘地

說到這個策略，就要提到諸葛亮手下一個非常有分量的人，此人名叫李嚴。

這個李嚴可不是一般人物，劉備託孤的時候，把後事託付給了兩個人：一個是諸葛亮，另一個就是這位李嚴。李嚴，字正方，荊州南陽人。本來是劉表的部下，曹操占領荊州的時候，李嚴歸附了劉璋。建安十八年，李嚴被劉璋任命為護軍，在綿竹抵擋劉備，結果李嚴率眾投奔了劉備，劉備占領成都以後，任命李嚴擔任犍為太守、興業將軍。

李嚴（？—二三四年），後改名李平，字正方，南陽（今河南南陽）人。三國時期蜀漢重臣，與諸葛亮同為劉備臨終前的託孤之臣。

章武二年，先主徵召李嚴到了永安宮，拜為尚書令。章武三年，劉備病情加重，在病榻前，李嚴與諸葛亮一同接受遺詔，成為託孤大臣。

那麼劉備為什麼要託孤給李嚴呢？

其實這裡是頗有深意的。首先，當時，劉備手下的幹部分為兩大集團，一個是從荊州隨劉備入川的幹部，一個是益州劉璋手下歸順的幹部。諸葛亮代表荊州集團，李嚴代表益州集團，劉備希望能平衡這兩大集團的權力分配，使他們團結起來共圖大事。

其次，託孤的時候，李嚴被任命的職務是尚書令、中都護，統內外軍事，職務偏軍事，和諸葛亮丞相的職務正好互補，一個政治一個軍事，各有側重，平衡了政治和軍事。同時，把權力交給兩個人，也有防止一家獨大，制衡諸葛亮權力的味道。

在託孤大臣中增添一個李嚴，目的很明顯，首先是平衡，其次還是平衡。

那麼，我們不禁要問了，蜀漢政權那麼多幹部，為什麼劉備偏偏選李嚴擔負這個責任而不是別人呢？

說到這裡，我們還得說劉備確實是慧眼看人，李嚴具備四個優點：一、李嚴年富力強，是益州幹部中的代表人物；二、李嚴的才幹突出，而且政治軍事才能都很突出。從當年在荊州劉表手下開始，李嚴就一直做郡縣長，有多年基層工作經驗，這種能力是龐統、法正、蔣琬等人都不具備的，劉備占領成都以後，任命李嚴擔任犍為太守，李嚴把地方治理得非常出色。建安二十三年，劉備在漢中和曹操大戰，後方有盜賊馬秦、高勝等人合聚數萬人造反，李嚴沒有讓劉備調動一兵一卒，率郡兵五千人打敗了叛軍，用很小的代價解了劉備的後顧之憂。劉備大悅，晉升李嚴為輔漢將軍。

三、李嚴的態度很鮮明，首先是反對曹操，當年荊州歸順了曹操，很多劉表舊部都歸降曹操了，唯獨李嚴態度很鮮明，寧可歸附劉璋也不投降曹操；同時李嚴又是益州幹部中非常支持劉備的一個，在劉備稱漢中王以及稱帝過程中，都起了非常大的作用，一方面大造聲勢，一方面帶頭勸進。

四、李嚴的背景很合適，他是南陽人士，有荊州背景，又屬於益州集團，是橫跨兩大集團的骨幹，安排他輔政，能起到團結一切可以團結的力量、共圖大事的目的。

正是由於以上四個原因，劉備才在託孤的時候安排諸葛亮為正，李嚴為副，這個人事安排從各個方面來看，都可以說是煞費苦心。古往今來，託孤大臣之間的關係都是非常微妙的，屬於競爭加合作，既是戰略夥伴，又是戰略對手。諸葛亮和李嚴的關係也屬於這個類型。

按照《三國志》的記載，我們梳理了一下，發現孔明和李嚴的關係可以分為三個階段：

一、蜜月期。這一階段概括起來，從章武二年一直持續到建興四年，大約五年左右。章武二年，劉備病中，他把李嚴召到永安宮，任命為尚書令。章武三年，劉備把在成都的諸葛亮也召來，讓李嚴與諸葛亮並受遺詔輔佐後主，李嚴為中都護，統內外軍事，留鎮永安。從此李嚴和諸葛亮開始了事業合作。諸葛亮為正，李嚴為副。從託孤的西元二二二年一直到建興四年（西元二二六年），五年的時間裡，諸葛亮和李嚴兩人關係比較好。兩個人關係的特點是「各管一攤，相安無事」。諸葛亮在給孟達的信中還稱讚李嚴「部分如流，趨舍罔滯，正方性也」。李嚴也稱讚諸葛亮說：「吾與孔明俱受寄託，憂深責重，思得良伴。」大家看看，兩人此時真的是互相肯定、互相支持。

不過在相安無事的背後，卻包含著危機。託孤以來，諸葛亮總攬朝政，在成都主持全面工作，而李嚴先是留鎮永安（今四川奉節），後來又移駐江州（今重慶），一直沒有機會接近政治中心，有一種被邊緣化的感覺。

作為託孤的大臣，李嚴當然不甘心，於是在他和諸葛亮之間，有關於職位和權力分配的矛盾逐漸就加深了。

二、疏離期。這個時期大約是在建興四年到建興八年。有兩件事讓諸葛亮對李嚴十分反感。一件事是李嚴勸諸葛亮稱王。李嚴寫信給諸葛亮，建議利用掌握朝政大權的便利，像曹操那樣進爵封王，接受「九錫」，也就是享受最高級的待遇。諸葛亮對此非常生氣，在回信中狠狠批評了李嚴一通。

第二件事是李嚴參加北伐講條件。蜀漢建興五年（西元二二七年），此時曹丕已死，魏明帝曹叡繼位。諸葛亮準備北伐，調李嚴統兵進駐漢中協助自己。李嚴接到命令，卻推三阻四不肯出發，而且要求劃出五郡，建立巴州，讓他當刺史。

建興八年（西元二三〇年），諸葛亮再次準備北伐，又打算調李嚴鎮守漢中。李嚴卻乘機大談曹魏的託孤大臣比如司馬懿等人都已經開府建立了自己的辦事機構，實際上是借別人說自己，要求自己也享受這個待遇。

大家想想，這屬於什麼性質的問題？那邊都著火了，你不去救火，還拿著滅火器先講條件。這個問題的性質說小了，是不顧大局，說大了就是敲詐勒索。以諸葛亮的脾氣，怎麼能容忍這個？但為了顧全大局，諸葛亮任命李嚴的兒子為江州都督督軍，接替李嚴調走後的工作，李嚴這才執行調動命令。

這個階段兩人的關係可以概括為——「漸生隔閡，互相觀望。」

三、決裂期。這一階段從建興九年一直到李嚴被免職。其實諸葛亮開始對李嚴還是抱有期待的，李嚴到了漢中以後，諸葛亮仿照劉備對自己的安排模式來安排李嚴。以前，劉備是自己在前邊作戰，讓諸葛亮管後勤；現在諸葛亮如法炮製，自己在前邊指揮打仗，讓李嚴管後勤。

但是真的應了那句老話——「忠厚長者波折少，是非之人變故多！」

建興九年（西元二三一年），諸葛亮第四次北伐，李嚴在漢中負責後勤供應，《三國志》記載說：「秋夏之際，值天霖雨，運糧不繼。」結果李嚴未及時籌集到糧草。怎麼辦呢？

其實誰也難免工作有失誤，更何況還有天氣方面的客觀原因。此時的李嚴本應該坦誠地承認錯誤，自覺接受批評。人非聖賢孰能無過，過而改之善莫大焉！

但是李嚴沒有承認錯誤的勇氣和胸懷，他選擇了掩蓋。我們說，犯了錯誤以後，抱著僥倖心理，用第二個錯誤來掩蓋第一個錯誤，那你不想想，第二個錯誤用什麼來掩蓋呢？那就得用第三個錯誤掩飾第二個錯誤，再用第四個錯誤來……這樣就只能掉進泥淖，越陷越深了！

所以說，犯了錯誤，企圖耍小聰明、蒙混過關的人，不但是沒有勇氣和胸懷，而且還特別糊塗。

李嚴就是這種人，他還用了特別小人的辦法來掩蓋自己的工作失誤，他寫信給諸葛亮說皇上命令退兵。諸葛亮退兵後，李嚴又欺騙朝廷說此次退兵是為了誘敵。當諸葛亮回來後，李嚴故作驚問：「軍糧已經夠用，為何突然退兵？」這種兩面三刀的做法終於激怒了諸葛亮，諸葛亮在上朝時拿出李嚴的書信為據，與許多將士一道簽名上表，彈劾李嚴，將他免為庶人，流放到梓潼。

這個階段，諸葛亮和李嚴的關係概括起來就是——「矛盾爆發，徹底攤牌！」

其實有很多人為李嚴鳴冤叫屈，說同為託孤大臣，你看諸葛亮大權獨攬，李嚴卻一點權力也沒有，被安排在外地，整個被邊緣化了。李嚴之所以講條件，是在反抗不公正的待遇，爭取應得的權力。其實這個話也不無道理。按照史書的記載，我們確實發現，李嚴作為一個託孤大臣，手裡的權力比諸葛亮小一些，掌握的資源比諸葛亮少一些。

不過，即使這些都是事實，也不足以成為李嚴犯錯誤的理由。

李嚴爭取個人待遇的舉動，心情上是可以理解的。我們也贊成一邊幹事業，一邊要改善職工待遇這樣的管理方法。

不過，在爭取個人待遇的過程中，李嚴這個問題員工犯了三個致命的錯誤，把本來可以博得同情支持的事情，變成了人人不齒的事情。李嚴犯了哪三個錯誤呢？

一、身為副職，挑撥是非鬧矛盾，有意和正職不配合。劉備託孤的時候，說得很清楚，諸葛亮為正，李嚴為副，副手副手，附加一隻手，意思就是讓李嚴配合諸葛亮，服從諸葛亮的領導。李嚴非但不服從諸葛亮的領導，而且要求和諸葛亮分享同樣的權力，他把自己也當成諸葛亮了。這屬於沒擺正位置！

二、把個人得失凌駕於事業之上。託孤大臣，託的是事業，需要的是奉獻，領導者首先意味著

更多的責任、更多的付出，而李嚴顯然不是這麼理解的，他把託孤這件事變成了自己進步的臺階和討價還價的籌碼。想的不是事業，而是個人撈取好處。只有名利心，沒有事業心。大家可以拿一個人和李嚴比一比，這個人就是趙雲趙子龍，劉備託孤的時候，無論從資歷、貢獻還是聲望上看，趙雲都比李嚴高一截，李嚴被封為尚書令、都鄉侯，而趙雲卻更低，只是鎮東將軍、永昌亭侯。等到北伐的時候，拒絕上前線的李嚴已提拔到了驃騎將軍（漢代軍職裡，最高是大將軍，第二就是驃騎將軍，李嚴已經快到了和丞相平起平坐的位置了），卻還在那裡發牢騷，要待遇不肯上前線；而同時期的趙雲身為兩代老臣，還救過後主的性命，古人說功高莫過救駕，這麼大的功勞、這麼老的資格，還要在戰場上出生入死，職位卻依然是鎮東將軍，比李嚴低了很多，而且馬謖失街亭以後，趙雲在諸路大軍裡是撤退得最成功的，但還是受牽連被貶為鎮軍將軍，降了一級。出生入死打仗的趙雲被降級了，不幹活討價還價的李嚴被提拔了還覺得受委屈，大家想想，這種情況要是發生在我們身上，我們會是什麼感受，我們能不生氣嗎？但是趙雲爭待遇了嗎？發牢騷了嗎？沒有！人家依然無怨無悔地戰鬥在北伐的前線。李嚴的境界和趙雲相比差遠了。

三、拿著事業和責任做籌碼，討價還價。這一點是李嚴最嚴重的錯誤。大家看看，大敵當前，北伐正是用人之際，不想著為國家出力，為事業盡責，反而按兵不動，要挾上級！這屬於什麼性質的問題？人品問題！大家想想，這個李嚴，就算政府拖欠了你的工資，諸葛亮沒讓你當刺史，你難道就不愛國了嗎？難道就不保衛國家了嗎？

我們自己也一樣啊，難道父母對哥哥偏心了，冷落了弟弟，那弟弟就可以不贍養父母嗎？難道單位讓我們受委屈了，辦公室發生火災我們就可以不救了嗎？

當然不能！所以，什麼是責任？就是沒有任何藉口，無論何時何地，一定要一絲不苟把該做的事情做好；什麼是忠誠？就是即使受了委屈、受了不公的待遇，也要不折不扣地履行承諾！

個人待遇可以爭，但是絕不能拿著責任討價還價！從這一點上看，李嚴的境界和諸葛亮、趙雲等人比差得太遠了。光憑這一點來看，這樣的幹部確實不該重用，諸葛亮如果有意冷落李嚴，那還真是有道理的。一個人沒有事業心，沒有責任感，一天到晚滿腦子都是個人待遇、個人得失，這樣的人怎麼能託付大事。

做人要淡泊，做事要執著。做凡人，做小事，可以多計較；做高人，做大事，就得多超脫！李嚴在自我修養上確實有欠缺。不過即使李嚴是這樣的人，諸葛亮也沒有完全排斥他，而是使用了一定的方法來團結他和激勵他。

管理智慧箴言

做人要淡泊，做事要執著。

一是容忍差異，設置底線。

如果說驅動諸葛亮、趙雲的是事業心、責任心，那麼驅動李嚴的就是名利心。對於這樣的幹部，蜀漢政權裡有很多人都看不慣。《三國志》當中就記載，陳震等幹部很早就到諸葛亮這裡彙報李嚴的種種不良行為。但是諸葛亮並沒有因此疏遠李嚴，相反，諸葛亮還滿足了李嚴很多職位和待遇上的要求。

劉備託孤以後，諸葛亮回到了成都，李嚴則留鎮永安。諸葛亮為武鄉侯，李嚴為都鄉侯。建興四年，李嚴由輔漢將軍晉升為前將軍，此前前將軍的職務一直是關羽擔任的。建興八年（西元二三〇年），李嚴又由前將軍晉升為驃騎將軍，此前是由馬超擔任的。讓李嚴擔任關羽、馬超擔任過的職位，可以說是給足了李嚴面子。而且據《後漢書》記載，在軍隊職務當中，地位最高的是大將軍，其次是驃騎將軍，又次車騎將軍，再次衛將軍。大將軍和驃騎將軍「位次丞相」，李嚴可以說是一年一個臺階迅速上升。而且諸葛亮還滿足了李嚴對地盤的要求，把永安的地盤和部隊交給李嚴管理，又把江州（也就是重慶）的地盤和部隊也交給李嚴，為了勸說他參加北伐，諸葛亮在提拔李嚴的同時還把他的兒子李豐提拔為江州都督，統帥江州軍隊。

那麼像李嚴這樣私心重的人，諸葛亮為什麼要一再滿足他的要求呢？道理只有一個，為了大局，為了團結。前邊說了，劉備清楚地看到，政權要穩定，必須要團結益州原來的一大批幹部。李嚴有才幹，有影響力，可以起到帶頭作用，團結了李嚴，就能帶動一大片。這一點，諸葛亮也同樣看到了。

《三國志・李嚴傳》當中，記載了諸葛亮的一段話，原文是：「臣知平鄙情，欲因行之際偪臣取利也，是以表平子豐督主江州，隆崇其遇，以取一時之務耳。平至之日，都委諸事，群臣上下皆怪臣待平之厚也。正以大事未定，漢室傾危，伐平之短，莫若褒之。」

幹事業就是這樣，我們境界高，但是不一定人人境界都高；我們大公無私，不一定人人都大公無私；我們熱愛事業，不一定人人都熱愛事業，很多東西是強求不來的。當領導的要有胸懷，容忍別人境界比自己境界低。

無論他境界高低，只要能激勵他努力，引導他為事業做貢獻也就可以了。

所以，管理不是要把人人都改造成天使，而是要引導人人都做出天使的行為。好的管理能引導魔鬼做天使做的事；壞的管理會逼著天使做魔鬼做的事情。管理的核心不是要改變一個人，而是要引導一種行為。諸葛亮之所以要容忍李嚴，原因就在這裡。不過容忍不是無限度的，無限度的容忍就變成了放縱。

管理智慧箴言

管理不是要把人人都改造成天使，而是要引導人人都做出天使的行為。好的管理能引導魔鬼做天使做的事；壞的管理會逼著天使做魔鬼做的事情。

諸葛亮給李嚴設了一個底線，這個底線就是「服從中央，支持北伐」。諸葛亮的原則是，一定要把整個隊伍的思想統一到「北伐興漢」這個目標上來，只要李嚴做到這一點，其他的都好談。

二是給出路，留餘地。

後面我們看到，諸葛亮的良苦用心落空了。李嚴對北伐缺乏認同感，缺乏投入，而且為了個人私利，他還給北伐設置障礙，製造問題。

一旦爆發了這樣的問題，諸葛亮當機立斷，決定不再容忍，立刻處理李嚴。搞管理就是這樣，要給下屬設高壓線，如果不碰，那麼你好我好大家都好，誰碰了，堅決要處理他！

不過諸葛亮在處理李嚴時，沒有簡單粗暴地一棍子打死，還是使用了技巧。什麼技巧呢？首先是列舉事實，暴露矛盾。在兩次彈劾李嚴的表文當中，諸葛亮提到：一、自先帝崩後，平所在治家，尚為小惠，安身求名，無憂國之事；二、臣當北出，欲得平兵以鎮漢中，平窮難縱橫，無有來意，而求以五郡為巴州刺史；三、去年臣欲西征，欲令平主督漢中，平說司馬懿等開府辟召。臣知平鄙情，欲因行之際偪臣取利也。

其次是走民主路線，把個人想法變成大家的處理意見。諸葛亮不是一個人決定怎麼處理李嚴，而是集思廣益，在「關於處理尚書令李嚴的請示」當中，署名的將領有兩個軍師、前後左右四個將軍、五個護軍將軍、六個參軍、兩個監軍、一個典軍、一個長史、一個從事，合計多達二十二名幹部，諸葛亮班子裡所有的人都署名了，並且在會議上表達了自己的處理意見。這樣一方面增加了權威性，一方面減少了周圍人的誤解。

第三是留餘地，提希望，絕不一棍子打死。李嚴被廢以後，諸葛亮專門寫信給李嚴的兒子李豐，主要內容是安慰李嚴和李豐，其中有兩句話說得很懇切：一、「原寬慰都護，勤追前闕。今雖解任，形業失故，奴婢賓客百數十人，君以中郎參軍居府，方之氣類，猶為上家。」大致意思是：希望你能勸解你的父親，振作起來，認真改正以前的錯誤。現在雖然沒有職務了，但是家中要錢有錢，要奴僕有奴僕，你又是中郎參軍，你們家依然是上等之家，你們的日子還是好日子。

二、「否可復通，逝可復還也。詳思斯戒，明吾用心，臨書長嘆，涕泣而已。」大致意思是：錯誤的可以改正，失去的可以追回來。請認真吸取這次的教訓，了解我的用心。

諸葛亮之所以這樣做，是因為李嚴的貢獻還在，才華還在，影響力還在，而且西川的幹部都看著呢，如果下狠手處理，甚至要了李嚴的命，那麼可能會造成不好的結果。所以，諸葛亮在處理的時候，給李嚴留了面子、留了待遇，還親自安慰，鼓勵進步。像李嚴這種工作態度有問題的幹部，應該說，諸葛亮的處理是比較科學合理的。

然而在蜀漢隊伍當中，除了李嚴這種工作態度不端正的問題員工以外，還有另一類問題員工，屬於工作方法有問題，導致事業的巨大損失。這類人中最典型的代表人物就是馬謖。那麼對馬謖這種有信任、有感情，但工作方法有問題的問題員工，該怎麼管呢？

策略二 嚴肅紀律，強化感情

馬謖是諸葛亮的親信。領導最尷尬的事情就是自己的親信犯錯誤。這類人一旦犯了錯誤，周圍所有的人都盯著領導，看你怎麼處理。首先不能處理輕了，處理輕了，有人說你內外有別，偏向自己人；其次也不能處理重了，處理重了有人說你心狠，不重感情。這兩者之間需要保持一個很好的平衡。那麼當親信犯了錯誤，究竟該怎麼辦呢？我們來看看諸葛亮的做法。

《三國志》和《資治通鑑》都有記載，蜀漢建興六年，也就是西元二二八年的春天，諸葛亮發兵伐魏。一路勢如破竹，南安、天水、安定三郡叛魏應亮，關中響震。在大好的形勢下，諸葛亮不用舊將魏延、吳懿等大將，卻委派參軍馬謖鎮守街亭。為什麼派馬謖呢？首先諸葛亮有信心，北伐一定成功；其次諸葛亮有私心，街亭是此役的關鍵點，北伐勝利了，街亭守備司令是第一功，這個功要留給馬謖。結果沒想到馬謖違抗命令，捨水上山，不守城池，導致全軍大敗，葬送了來之不易的大好形勢。這個段子就是著名的「馬謖失街亭」。

馬謖（西元一九〇—二二八年），字幼常，襄陽宜城（今湖北宜城南）人，侍中馬良之弟。初以荊州從事跟隨劉備取蜀入川，曾任綿竹、成都令、越嶲太守。諸葛亮北伐時因作戰失誤而失守街亭，被諸葛亮所斬。

曾經有朋友問我在三國謀略裡邊我最喜歡哪一個，我回答說最喜歡的就是諸葛亮揮淚斬馬謖。這裡邊包含著中國古代人際關係的閃光智慧。京劇有齣戲叫《失空斬》——失街亭，空城計，斬馬謖，專門說的就是這段故事。話說馬謖吃了敗仗之後和副將王平一起回來交令，諸葛亮對馬謖也沒打也沒罵，而是數落他：「幼常啊幼常啊，你哪裡是幼常，你是幼稚啊。讓你依山傍水當道紮營，你為何不聽!?」

馬謖低頭了，說丞相我錯了，你罰我吧。諸葛亮嘆口氣，我不罰你，說著話拿出一張紙來——軍令狀，諸葛亮說：「幼常啊，有軍令狀在此，打了敗仗提頭來見，左右推出去，把他斬了！」

一見諸葛亮真要殺自己，馬謖有點急了。其實諸葛亮跟馬謖的關係特別不一般：馬謖的親哥哥馬良是諸葛亮的老鄉兼同學，馬謖是諸葛亮的學生加弟弟。而且馬謖的才華挺高，比如諸葛亮南征，七擒孟獲定南中這個策略就是馬謖給提的建議。馬謖說：「求求你丞相，我家裡上有老下有小，能不能戴罪立功啊，給我個機會行不行啊？」一句話把諸葛亮的眼淚說下來了，《資治通鑑》

是這麼描述的：「收謖下獄，殺之。亮自臨祭，為之流涕，撫其遺孤，恩若平生。」

就是說孔明當場哭著對馬謖說：「幼常啊，殺你和剜我的心一樣啊！可是軍令狀在此，不是我要殺你，是制度要殺你，軍法無情啊！至於你的身後事，你不用擔心，你的高齡老母我來照顧，你的妻兒老小我來照顧，你就放心吧！」結果就把馬謖給殺了。

殺了馬謖之後收到兩個效果：第一、全軍膽寒，大家覺得千萬不能犯錯誤了，馬謖那麼鐵的關係，那麼高的才華，犯了錯誤還是給斬了，制度無情啊！第二、大家就說：丞相真是好人啊，真關心下屬！

各位看看，殺了一個人，既讓人畏懼又讓人感動，這個很厲害啊。這個策略就叫「掉眼淚殺人」，用溫柔的手段做冷酷的事情。制度越是嚴，言語越要柔和。

大家想想諸葛亮為什麼哭，他說是不忍心，不忍心就別殺了呀，他說有軍令狀。可是各位想想，華容道關羽攔曹操有沒有軍令狀？有吧，不是也沒殺嘛？

在諸葛亮斬馬謖這件事上，諸葛亮殺是真心，哭也是真心。

你看現實生活中，很多領導不懂這個道理，吹鬍子瞪眼，大喊大叫把員工給開除了，開除了不要緊，明天公司裡就有人說：「哎呀，看領導和和氣氣的樣子，原來是裝的，你看手這麼狠，性格扭曲，十有八九是家庭生活不幸福吧。」你看，領導的權威是有了，但是個人形象完全破壞了，一點親和力也沒有。

諸葛亮高明就在這裡，越下狠手的時候就越要掉眼淚，既強化了制度的權威，教育了眾人，也樹立了自己的形象，收攏了人心。這叫做用溫柔的手段做冷酷的事情。一個高明的領導，一定是既讓下屬愛又讓下屬怕的領導。一個高明的父親，一定是一個既讓兒子愛又讓兒子怕的父親。

在處理完馬謖以後，諸葛亮立刻上書自貶，言語懇切，主動承擔責任，自貶三等，從丞相貶為右將軍，行丞相事。

孔明此舉不光是責任感的體現，也是管理智慧的體現。諸葛亮在失敗以後，把包括自己在內的領導班子主要責任者都貶了，一下子就樹立起了制度的威嚴和管理的形象。相反，如果出了事情，領導推卸責任，處理幾個不大不小的小蝦米了事，那下次可能就沒人再敬畏制度了，問題就會更嚴重。

管好了眼前的幹部，振奮了隊伍的精神，諸葛亮還面臨更大的挑戰，什麼挑戰呢？就是如何用好年輕人。我們都知道，長江後浪推前浪，一代新人換舊人，基業長青必須後繼有人，做事業必須要有人才梯隊才行。年輕人的培養和使用決定未來。只有擁有了年輕人，才真正擁有了未來。那麼孔明先生究竟是如何培養和使用年輕人的，他運用了哪些策略呢？請看下一講。

第八講

成功來自調心態

有個成語叫做「明修棧道，暗度陳倉」，相信很多人都耳熟能詳。這個故事在《三國演義》第九十八回有記載，叫做「追漢軍王雙受誅　襲陳倉武侯取勝」。不過，這個題目只說對了一半，追漢軍的魏將王雙確實被斬了，但是諸葛亮在襲擊陳倉的戰鬥中並沒有取勝。

這段故事在《三國志》和《資治通鑑》中都有明確的記載。西元二二八年，也就是蜀漢建興六年十二月，諸葛亮二次北伐，兵圍陳倉，當時諸葛亮有幾萬生力軍，而陳倉守軍只有一千多人，實力對比十分懸殊。

鎮守陳倉的將領名叫郝昭，太原人，為人雄壯，自幼從軍，屢立戰功，鎮守河西十餘年，經驗十分豐富。一開始，諸葛亮準備使用勸降的方法，他派郝昭的同鄉靳祥到城下招降。然而郝昭的態度十分堅決，《三國志》中記載，面對靳祥的遊說，郝昭在城樓上斬釘截鐵地回答：「魏家科法，卿所練也；我之為人，卿所知也。我受國恩多而門戶重，卿無可言者，但有必死耳。卿還謝諸葛，便可攻也。」意思是：你別來勸了我已懷著必死之心。這段話可以說是擲地有聲，鐵骨錚錚。

靳祥回來後向諸葛亮做了彙報，估計諸葛亮起了愛才之心，又重新把靳祥派回去，告訴郝昭，「人兵不敵，無為空自破滅」。意思是我有幾萬大軍，而你只有一千多人，不要以卵擊石。郝昭回答得更乾脆：「前言已定矣。我識卿耳，箭不識也。」意思就是你別再囉嗦了，再囉嗦我就拿箭射死你！

於是，遊說不成，只有開打！這場戰鬥在史書（《三國志・魏書・明帝紀》和《資治通鑑》）中有一段驚心動魄的描寫：

「亮自以有眾數萬，而昭兵才千餘人，又度東救未能便到，乃進兵攻昭，起雲梯衝車以臨城。昭於是以火箭逆射其雲梯，梯然，梯上人皆燒死。昭又以繩連石磨壓其衝車，衝車折。亮乃更為井闌百尺以射城中，以土丸填塹，欲直攀城，昭又於內築重牆。亮又為地突，欲踴出於城裡，昭又於城內穿地橫截之。晝夜相攻拒二十餘日，亮無計，救至，引退。」

按照上邊的記載，這場戰鬥的場面是十分宏大的，蜀軍傷亡慘重。

蜀軍使用雲梯，郝昭使用火箭。

蜀軍使用衝車，郝昭使用石墨。

蜀軍使用井闌加土丸，郝昭使用重牆。

蜀軍使用地突，郝昭使用橫溝。

就這樣你來我往二十多天，小小的陳倉城在諸葛亮統帥的幾萬精銳面前，竟然巋然不動！這確實是三國諸多戰役中的一個奇蹟，奇在名不見經傳的郝昭，竟然能以弱勝強擋住戰神諸葛亮的輪番進攻。

這件事，曹魏那麼多大將都做不到，三國中那麼多厲害的人都做不到，但是郝昭居然做到了。郝昭憑的是什麼呢？

從曹魏一方看，原因首先是準備充分，以逸待勞；其次是調度有方，臨陣不亂；第三是主將沉著，三軍團結。

而從蜀漢一方看，有一個因素成就了郝昭的勝利。就是諸葛亮這次北伐，不是非要攻城掠地，主要目的是牽制曹魏，配合東吳。因為在此前，東吳已經和曹魏開戰，司馬懿、張郃指揮大軍集中力量，準備在東線對東吳動手，東吳戰事吃緊。

為了配合友軍，諸葛亮才率軍北上（只帶了二十多天的糧食）。此次北伐採取的是「明修棧道，暗度陳倉」的策略，一邊在斜谷那邊修著破損的棧道，一邊大軍偷襲陳倉。只不過是想度陳倉卻沒度過去。

《三國志・曹真傳》透露了一個信息：其實，曹真之前已經料到蜀軍會來陳倉，早已安排手下備戰陳倉，防備諸葛亮進攻了。陳倉城高大堅固，加上守軍早有準備，按說諸葛亮應該對這些情況完全掌握，但是他為什麼還要來攻呢？

從吳蜀聯盟的角度來看，此戰為的是協助東吳、牽制曹魏，讓曹魏無法全力在東線作戰。從蜀漢角度來看，也是為了趁虛而入，見縫插針。換句話說，陳倉能打下來最好，打不下來也行。只要能起到震懾敵人、調動敵人的目的就可以！

二十多天以後，敵人被調動了，戰役的目的達到了，諸葛亮就主動撤退了。並且在撤退過程中，還殺了一個精采的「回馬槍」，就是主動設伏，斬殺了曹魏大將王雙。

從陳倉之戰上我們可以看到，諸葛亮做事情是有兩手準備的。

首先陳倉戰役有一高一低兩個目標，高級目標是趁虛而入、占領陳倉，低級目標是震懾敵人、調動敵人。假如達成高級目標有困難的話，達成低級目標也可以。

其次，在安排重大行動的時候，既為勝利前進做好充分的準備，也為安全撤退做好充分的準備。打得贏就打，打不贏就撤。始終把握戰爭的主動權，不但走得了，而且走得好。敵人敢來追，還能吃掉他！這些都是非常高明的智慧。

我們看到，很多人做事情常常犯兩個錯誤。一種錯誤是只有單一目標，缺乏彈性，一旦情況發生變化了，不是驚慌失措，不知道怎麼辦，就是墨守成規，還按原來的辦，這樣就很容易導致失敗。另一種錯誤更常見，就是只為前進做好準備，沒有安排撤退路線。一旦情況有變，事情不成，立刻就陷入混亂，潰不成軍，兵敗如山倒。

其實，挫折是最能檢驗一個領導者的水準的。

一個智慧的領導者，不僅僅會達成預期目標，一路高歌猛進，而且也一定要善於因勢利導，調整目標，順利撤退。人生不可能總是順境，事業不可能總是成功，不善於做好兩手準備的人，往往會因為一點點小事就陷入失敗。

「知進知退，料成料敗」，這才是真正成功者的品質。這一點我們確實應該向孔明先生多多學習。

我們知道，孔明自新野起兵、赤壁大戰以來，軍事上都是很成功的，各方面也都比較順利。一個一直比較成功、比較順利的人，能夠隨時為挫折和退卻做好準備，這一點尤其難能可貴。能做到這一點，說明在諸葛亮身上有一種特別獨特的成功稟賦，就是「冷靜清醒，從不自大」。世界上是有很多牆的，但是有一道牆，就有一道門。什麼人過不去這個門呢？就是把自己看得太大的人。只有頭腦發熱，把自己看得太大，把頭抬得太高的人，才會結結實實地撞在門框上！

即使再成功，也不能發燒，一定要冷靜清醒。孔明先生給我們做出了好榜樣。

那麼，諸葛亮的冷靜清醒具體都表現在哪些方面呢？我總結了以下幾條：

策略一　放低姿態，放長眼光

我們在前面第三講中講過「張松獻地圖」的故事，這個故事體現了諸葛亮懂得做人做事要「放低姿態，躬身接水」的道理。躬身接水，是一種境界，也是一份智慧。

還有一件事情也體現了諸葛亮放低姿態、放長眼光的智慧。這件事發生在陳倉大戰之後的第二年，也就是蜀漢建興七年（西元二二九年）。這一年孫權在東吳稱帝了。這件事對蜀漢震動頗大。

以前吳蜀聯合，一直使用的名義是「興復漢室，掃滅曹賊」。現在竟然孫權也稱帝了，「興復漢室」的名義已經不存在了。東吳不僅沒有掃滅篡位的曹賊，他自己也成了篡逆的孫賊。

於是，蜀漢內部就有一種聲音，主張和東吳孫權絕交。

究竟要不要和孫權絕交，應該如何看待孫權稱帝背漢這件事情呢？

諸葛亮體現出了務實的態度和卓越的眼光。

《三國志》裴注引述了《漢晉春秋》的記載，詳細記錄了諸葛亮的做法。原文是這樣的：

> 是歲，孫權稱尊號，其群臣以並尊二帝來告。議者咸以為交之無益，而名體弗順，宜顯明正義，絕其盟好。亮曰：「權有僭逆之心久矣，國家所以略其釁情者，求掎角之援也。今若加顯絕，讎我必深，便當移兵東戍，與之角力，須并其土，乃議中原。彼賢才尚多，將相緝穆，未可一朝定也。頓兵相持，坐而須老，使北賊得計，非算之上者。昔孝文卑辭匈奴，先帝優與吳盟，皆應權通變，弘思遠益，非匹夫之為者也。今議者咸以權利在鼎足，不能并力，且志望以滿，無上岸之情，推此，皆似是而非也。何者？其智力不侔，故限江自保；權之不能越江，猶魏賊之不能渡漢，非力有餘而利不取也。若大軍致討，彼高當分裂其地以為後規，下當略民廣境，示武於內，非端坐者也。若就其不動而睦於我，我之北伐，無東顧之憂，河南之眾不得盡西，此之為利，亦已深矣。權僭之罪，未宜明也。」乃

遣衛尉陳震慶權正號。

在這裡，諸葛亮分析了三個層面的道理：

第一，孫權早就想當皇帝，這個心思我們早就看出來了。如果現在我們鬧翻了，雙方動起手來，孫權手下要文有文，要武有武，兵精糧足，我們一時是占不到便宜的，那個時候北邊的曹魏乘機坐收漁利，我們就真的危險了。過去漢文帝低調謙卑與匈奴交好，我們的先帝劉備低調謙卑與東吳交好，其實都是從大局出發的權變之計，對我們的未來發展是有好處的。

第二，有人說孫權不真心聯盟，北伐不賣力氣，這是不對的。孫權不是沒有北伐的想法，只是他力量有限。孫權不能渡江打曹魏就像曹魏不能渡江打孫權一樣，都是心有餘而力不足。

第三，我們和孫權聯盟有巨大的好處。一旦我們北伐了，孫權也會跟著北伐，要麼占據曹魏的領土，要麼掠奪曹魏的人口，這對我們雙方來說都是非常有利的配合。就算是他態度消極，按兵不動那也是好的。因為只要他和我們是友好聯盟，就算他不動，曹魏也會派兵防範他，於是敵人就不能盡全力來和我們作戰，我們多一個盟友，敵人多一個對手，這對我們戰勝強大的敵人是非常有幫助的。所以，對孫權稱帝的事情，暫時不必追究為好。吳蜀聯盟是最重要的。

經過一番分析，在說服了上下群臣以後，諸葛亮就派衛尉陳震出使東吳，參加了孫權稱帝的慶典，帶去了對孫權的祝賀。吳蜀聯盟於是得到了再一次的鞏固和加強。

策略二

冷靜敏銳，敞開胸懷

諸葛亮這種冷靜清醒的心態不光體現在國家戰略上，更體現在幹部使用和人才選拔上。建興六年（西元二二八年）一出祁山，由於馬謖在街亭的失敗，導致蜀軍全線潰退，無功而返。可以說是大好局面毀於一旦，諸葛亮痛心疾首。

很多領導在這樣的情況下，都會氣急敗壞，情緒失控，但是諸葛亮沒有。首先他很冷靜地分析原因，追究責任，處理了馬謖等人，並且上書自貶，主動承擔了責任。並在此過程中注意了策略和方法，這一段「揮淚斬馬謖」，我們在前文已有專門的介紹。

諸葛亮的過人之處還在於，慘遭大敗以後，他不但處罰了一些幹部，而且還獎勵和提拔了一批幹部。即失敗以後，不但沒有氣急敗壞，居然還能讚美下屬、獎勵下屬，這確實不是一般人能做到的。

那麼諸葛亮主要獎勵了誰，他為什麼會受獎勵呢？

這個被諸葛亮獎勵的幹部是王平。《三國志》記載：「王平字子均，巴西宕渠人也。本養外

家何氏，後復姓王。隨杜濩、朴胡詣洛陽，假校尉，從曹公征漢中，因降先主，拜牙門將、裨將軍。」「手不能書，其所識不過十字。」

王平（？—二四八年），字子均，三國時蜀漢將領，巴西宕渠（今四川渠縣）人，官至鎮北大將軍、漢中太守、安漢侯。

根據以上信息我們可以看出，王平是一個降將，出身卑微，級別也比較低。另外，王平教育程度不高，不會寫字，認識的字也只有十個，幾乎是一個文盲。

那麼，在街亭之戰當中，王平表現如何呢？

《三國志》記載：「建興六年，屬參軍馬謖先鋒。謖捨水上山，舉措煩擾，平連規諫謖，謖不能用，大敗於街亭。眾盡星散，惟平所領千人，鳴鼓自持，魏將張郃疑其伏兵，不往偪也。於是平徐徐收合諸營遺迸，率將士而還。」

也就是說街亭一戰，馬謖捨水上山，王平苦苦相勸，在正確的建議得不到採納的情況下，王平恪盡職守，正確指揮，英勇作戰。馬謖戰敗以後，部隊四散奔逃，唯獨王平帶領的一千多人軍容嚴整，戰鼓響亮，徐徐撤退，敵人不知道虛實，不敢大肆追殺，於是王平一路上收容散卒，率領餘部安全回到大本營。

王平的表現得到了諸葛亮的讚賞：「丞相亮既誅馬謖及將軍張休、李盛，奪將軍黃襲等兵，平特見崇顯，加拜參軍，統五部兼當營事，進位討寇將軍，封亭侯。」後來，在蜀漢的歷次北伐作戰當中，王平都做出了巨大貢獻。

可以看到，實踐是檢驗人才的試金石。

王平沒有什麼理論、沒有什麼文憑、沒有受過正規教育，但是他擁有豐富的經驗、堅定的信念和過人的勇氣，這些都是馬謖所不具備的。

按照一般的用人選人程序，王平被提拔的可能性非常小，但是，諸葛亮很了不起，在選拔人才的時候，他沒有墨守成規。我們講：「常規程序選小才，突發事件選大才。」就是說在選拔人才的時候，使用常規手段、標準流程、條條框框只能選到一般的人才。必須要有突發事件，通過實踐的篩選，我們才能選到大才。

正所謂：「小河蹚水看魚蝦，驚濤駭浪現蛟龍。」

在現實中，我們也看到很多領導者，一方面固守著各種選人的條條框框不放，一方面又指望著能在一夜之間就選到優秀的人才，這就好比是「在旱地裡挖坑等著大魚，在石頭上澆水等著開花」。

諸葛亮給我們樹立了很好的榜樣，值得我們借鑑和反思。

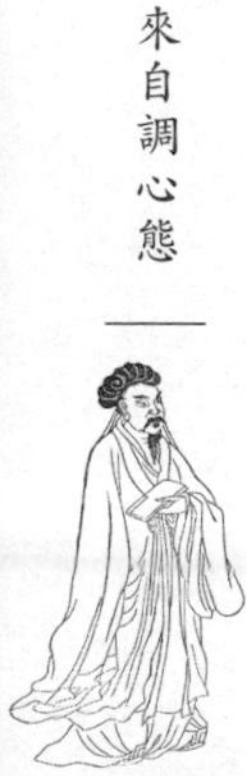

管理智慧箴言

常規程序選小才，突發事件選大才。
小河蹚水看魚蝦，驚濤駭浪現蛟龍。

如果說提拔王平體現了諸葛亮高明的人才戰略，那麼處罰廖立就展示了諸葛亮過人的眼光。

廖立何許人也？他可是一位名滿荊州的青年才俊！

《三國志》記載：「廖立字公淵，武陵臨沅人。先主領荊州牧，辟為從事，年未三十，擢為長沙太守。」就是說，廖立是劉備親手提拔的荊州年輕幹部，二十多歲就擔任了長沙太守的職務。孫權曾經問諸葛亮荊州有什麼人才，諸葛亮回答：「龐統、廖立，楚之良才，當贊興世業者也。」由此可見廖立受重視的程度。

> 廖立（生卒年不詳），字公淵，武陵臨沅（今湖南常德）人。蜀漢之臣，歷任太守、侍中。

用現在的眼光看，廖立年紀輕輕就當上了地方政府的一把手，是少年得志的人才。各位讀者想想，這種少年得志的人才，最容易發生的問題是什麼？

就是不知道天高地厚，誰也看不上，誰也瞧不起，而且口吐狂言，鄙視一切，批判一切，一副老子天下第一的架式。用一個字來形容——狂！

這種人多嗎？多。在我們身邊就能找到很多這樣的人，而且廖立正好就是這種人。

東吳呂蒙占領荊州的時候，身為長沙太守的廖立脫身回到成都，劉備沒有追究他擅離職守的責任，繼續給予重用，委任廖立做巴郡太守。後來劉禪即位，任命廖立做了長水校尉。

按說，這麼好的領導，這麼豐厚的待遇，這麼重要的工作，廖立應該滿意了，然而廖立卻沒有。

廖立自認為自己的才華和水準應該排在群臣當中的第二位，天下只能有一個人排在自己的前邊，就是諸葛亮，其他人無論誰排在自己前邊廖立都不服氣。所以，眼見自己排在了李嚴等人的後邊，廖立心裡就老大的不痛快。

一個自恃才高的人往往容易看不慣，容易心裡不痛快，這個可以理解。但是，自恃分兩種，為國計民生、天下興亡擔憂，心裡不痛快，這種自恃讓人欽佩；為個人待遇斤斤計較，職位達不到預期，就心裡不痛快而發牢騷，這種自恃讓人輕蔑。

廖立正好就是後一種人。他看到自己的級別比別人低就開始不痛快、發牢騷。

《三國志》記載，有一次，後丞相掾李邵、蔣琬和廖立見面，廖立心情正不痛快，就對二人

說：「軍當遠出，卿諸人好諦其事。昔先主不取漢中，走與吳人爭南三郡，卒以三郡與吳人，徒勞役吏士，無益而還。既亡漢中，使夏侯淵、張郃深入於巴，幾喪一州。後至漢中，使關侯身死無孑遺，上庸覆敗，徒失一方。是羽怙恃勇名，作軍無法，直以意突耳，故前後數喪師眾也。如向朗、文恭，凡俗之人耳。恭作治中無綱紀；朗昔奉馬良兄弟，謂為聖人，今作長史，素能合道。中郎郭演長，從人者耳，不足與經大事，而作侍中。今弱世也，欲任此三人，為不然也。王連流俗，苟作掊克，使百姓疲弊，以致今日。」

大家看看，這位廖先生從劉備開始，掰著手指頭數落劉備、關羽、向朗、文恭、郭攸之、王連，一口氣貶斥了六個人。而且話說得那麼狠，特別是竟然敢當著同事的面指責「老闆」劉備，這還了得。蔣琬、李邵二人就把廖立的這番講話源源本本地彙報給了諸葛亮。

事情一下子就鬧大了！

說到這裡，我想提醒大家一下，在單位裡千萬不要當著同事的面指責領導，尤其是人家領導還幫過你、有恩於你的時候，在這樣的情況下，公然說狠話指責人家，是非常錯誤的，會陷自己於特別被動的地步。

對領導有建議，可以當面提，最忌背後亂說。不但我們自己不要說，而且在遇到別人說的時候，我們還應該採取解釋或者提醒的策略。

廖立作為一個高級「幹部」難道連這點常識都沒有嗎？他應該是有的。那麼既然有，他為什麼沒有照此去做呢？這裡只有一個原因，就是他太狂了！他不屑於去守規矩，他覺得自己少年得意，呼風喚雨，才高八斗，學富五車，可以任意行事。

結果這種孟浪魯莽的行為葬送了廖立的大好前程。

諸葛亮是愛惜人才的，但是諸葛亮更擔心「一個老鼠屎壞了一鍋湯」。如果所有幹部都像廖立這樣攀比待遇、發牢騷說怪話，那整個局面就要失控了！

於是諸葛亮果斷出手，處理了廖立。在〈彈廖立表〉（出自《諸葛亮集》）當中，孔明義正辭嚴地指出：「長水校尉廖立，坐自貴大，臧否群士，公言國家不任賢達而任俗吏，又言萬人率者皆小子也；誹謗先帝，疵毀眾臣。人有言國家兵眾簡練，部伍分明者，立舉頭視屋，憤咤作色曰：『何足言！』凡如是者不可勝數。羊之亂群，猶能為害，況立託在大位，中人以下識真偽邪？」

於是廖立被免去一切職務，流放到了汶山郡。諸葛亮處理廖立這件事給我們的啟示有兩點：

一、作為領導者，一方面要關注人才的發現和培養，另一方面對已經發現的人才要加強管理，及時處理發生的問題，清除害群之馬。幹部有能力大小之分可以理解，但若有人品問題，絕不能原諒。

二、作為一個快速成長的年輕幹部，千萬不能一旦得志便張狂，要謙虛謹慎，多幹事業，少爭待遇。生活上要多知足，不要貪心；事業上要求進取，不要滿足。這叫做「生活上知足常樂，事業上精益求精」。

諸葛亮的清醒冷靜不僅體現在工作中、使用人才上，還體現在教育子女的家庭生活上！我們接

著往下看。

策略三
注重教育，管好子女

孔明身擔大任，工作的忙碌程度可想而知。但是，在這樣忙碌的情況下，他並沒有忽視子女教育問題。這也是他的冷靜清醒之處。

子女教育是個大問題，說大了決定一個國家的未來，說小了決定一個家庭的未來，每個人都不能掉以輕心！在子女教育上的每一份投入都是真正的戰略投資。

諸葛亮早年無子，過繼了大哥諸葛瑾的兒子諸葛喬為養子。在對諸葛喬的教育培養上，諸葛亮煞費苦心。《三國志・諸葛亮傳》記載了一段諸葛亮給諸葛瑾的書信，專門談到了諸葛喬的教育培養問題。原文如下：

喬字伯松，亮兄瑾之第二子也。……初，亮未有子，求喬為嗣，瑾啟孫權遣喬來西，亮以喬為己適子，故易其字焉。拜為駙馬都尉，隨亮至漢中。亮與兄瑾書曰：「喬本當還成都，今諸將子弟皆得傳運，思惟宜同榮辱。今使喬督五六百兵，與諸子弟傳於谷中。」

諸葛亮告訴諸葛喬的親生父親諸葛瑾，說諸葛喬是可以回成都的，但是現在每個人都在為北伐做貢獻：「我們的孩子一定要和別人一樣同甘共苦，我也讓諸葛喬掌握五百士兵，參與到後勤轉運當中了，這樣又磨練他的性格又鍛鍊他的能力。」

其實，諸葛亮寫這封信是帶有安慰色彩的，目的無非是告訴諸葛瑾自己不讓諸葛喬回成都的主要原因，取得諸葛瑾的理解和支持！

其實，按理說，既然過繼了，也就是自己的兒子，完全可以按照自己的目標和風格來管理這個孩子，但是諸葛亮很貼心，他依然考慮到了親生父親的感受，隨時通報情況取得諸葛瑾的諒解和支持。

另外我們也可以看到，諸葛亮雖位高權重，但是對自己的子女不嬌慣，不溺愛，不搞特殊化，讓他和周圍的人打成一片，同甘共苦。這是非常好的教育方法。

小樹苗就是要經歷風雨的洗禮，如果一直養在溫室裡，早晚是要枯萎的。而且在成長的過程中，不但要澆水施肥還要及時剪枝，否則小樹苗就會長歪了。

沒有愛是傷害，過度的愛是更大的傷害！

這些樸素的教育理念直到今天依然值得我們所有的父母深思。

在過繼了諸葛喬以後，諸葛亮又有了自己的親生兒子諸葛瞻。諸葛瞻字思遠，生於蜀漢建興四年。讀者請注意，諸葛亮給自己兒子起的這個名字，瞻是高瞻遠矚的瞻，字思遠，即能思考眼睛看不到的遠方。這都代表了諸葛亮對孩子的期望。

他是這麼期望的，也是這麼實踐的。

在建興十二年，諸葛亮出武功時寫信給哥哥諸葛瑾說：「瞻今已八歲，聰慧可愛，嫌其早成，恐不為重器耳。」

諸葛亮在教育兒子上有一個不同於我們今天很多家長的地方：我們今天的家長和老師都希望孩子快速成長，越快越好！但是諸葛亮正相反，他最擔心的是孩子成長過快，他希望孩子成長的腳步能稍微慢下來一點。

「孩子你慢慢長！」這個理念值得我們全社會的每一個人，特別是每一個教育工作者、每一位父母認真思考。

諸葛亮在〈誡子書〉中告訴他的孩子：「夫君子之行，靜以修身，儉以養德，非澹泊無以明志，非寧靜無以致遠。夫學須靜也，才須學也，非學無以廣才，非志無以成學。慆慢則不能勵精，險躁則不能治性。年與時馳，意與日去，遂成枯落，多不接世，悲守窮廬，將復何及！」（《太平御覽》）

這裡諸葛亮特別強調了一個「靜」字，這個字涵義極深。

在流光溢彩、眼花撩亂的年代，最難做到的就是保持一份內心的寧靜和淡泊。

孔明先生告誡我們：有才華的人要堅持學習，否則就會荒廢；既然要學習就要坐得住冷板凳，耐得住寂寞。勤奮、扎實是最寶貴的品質，因為人生中很多最重要的東西往往不能速成，需要下慢功夫。

這就是靜的力量。什麼叫「靜」？就是在別人發論文、拿項目、得獎勵、上電視時，你要不著急、不著慌，保持自己的節奏，做自己該做的事情，兢兢業業教學，扎扎實實研究，一步一個腳印，這叫學術上的「靜」。

什麼叫「靜」？就是別人搞面子工程、形象工程、短期工程、上報紙上電視，熱熱鬧鬧時，你要不眼紅、不心焦，老老實實處理自己眼前的問題，踏踏實實為老百姓謀福利，盡自己的職責，這叫為官上的「靜」。

什麼叫「靜」？就是別人抓項目、搞投機、拉關係、猛炒作，一夜暴富，一朝成名時，你要不羨慕、不眼饞，走自己的路，堅守自己的信念和品格，這叫做人上的靜。

有了這份「靜」，人的內心世界就穩定了，心裡有了根，做事有了底，生活就會幸福快樂，事業就會穩步前進。

孔明先生的這些教誨，即使對於一千八百多年以後的我們來說，仍然是切中要害的。我們生活在一個躁動的年代，大家看看我們這些現代人，走高速，求快速，喜歡速成、速配，餓了吃速食

麵，病了服速效藥，一切都喜歡加快再加快。

這種一味的快速最後會帶來巨大的問題。人生就是一曲美妙的音樂，有高亢的樂章，更要有平穩舒緩的旋律。

生命在寧靜中才能找到根柢。老子在《道德經》中強調的「重為輕根，靜為躁君」，也是這個道理。

孔明先生以身作則，言傳身教相結合，引導孩子們走上了健康成長的道路。

到後來，鄧艾伐蜀，諸葛瞻、諸葛瞻的長子諸葛尚，都在保衛綿竹的戰鬥中為國捐軀，死得英勇壯烈。他們身上的正義、忠誠、勇敢都來自於諸葛亮的正確教育。

第九講

精心用好年輕人

西元二二八年的春天，美麗的祁山草木萌發，冰雪消融，一派生機勃勃的景象。在去往天水的大路上，盤山過嶺，旌旗招展，浩浩蕩蕩來了一隊人馬。為首一員老將軍，身高八尺，面如晚霞，銀盔銀甲素羅袍，鬚髮都白了，老爺子有六十多歲年紀了，但是腰不彎背不駝，精氣神十足。這位老將軍是誰呢？不是別人，就是當年大戰長阪坡的常勝將軍趙雲趙子龍。

這一年是蜀漢建興六年，後主劉禪當皇帝已經六年了，蜀漢政權走出了夷陵慘敗的陰影，又穩定了南中地區的局勢，在七擒孟獲大獲全勝以後，諸葛亮揮師北上，率領大軍出祁山北伐中原。老將軍趙雲自告奮勇，擔任北伐的先鋒官。這一次老將軍奉了諸葛亮將令，來奪天水郡。且說趙雲老將軍領兵五千殺到天水城下，對著城上高聲斷喝：「我乃常山趙子龍！你們已經中了我家丞相的計策，乾脆早獻城池，免遭殺身之禍！」

這要是在過去，趙子龍這麼一喊，早嚇得敵人六神無主，落荒而逃了。沒想到，這次卻大不一樣，天水城上守城的敵人居然一點也不害怕，反而哈哈大笑說：「不是我們中計啦，是你們中了我們小將軍的計啦，你們自己還不知道呢！」

趙雲大怒，小小的天水士兵，居然膽敢小瞧他趙雲，而且還敢小瞧諸葛丞相的計謀，這還了得！趙雲把大槍一舉，正準備要架雲梯攻城，忽然聽到身背後喊殺連天，伏兵四起，當先一位少年將軍，二十多歲年紀，也是銀盔素甲，手執一杆長槍，直殺了過來，趙雲見過的陣勢多了，什麼英雄沒會過，他哪把這個小娃娃放在眼裡，催馬挺槍就迎了上去。可是沒想到，這員小將武藝超群，打了十幾個回合，居然越戰越勇，而且槍法精奇，一條槍使得神出鬼沒。趙雲不禁暗暗吃驚：「沒想到小小的天水竟然有這樣的人物！」正戰得難解難分的時候，敵人另外兩路人馬也殺到了，趙雲首尾不能相顧，只得衝開一條路，引兵敗走！

常勝將軍趙雲居然被一個二十多歲的鄉下小夥子給打敗了。這件事在蜀漢大營引起了不小的震動！趙雲歸來後向孔明交令，把中了敵人埋伏被打敗的經過說了一遍，特別誇獎了那位少年將軍的槍法。孔明也是很驚訝，連忙找當地人一打聽，才得知這個少年將軍姓姜，名維，字伯約，天水本地人。

諸葛亮是一個有頭腦的帶頭人，他深知年輕幹部的重要性，所以一聽到姜維的情況，就馬上組織力量多方了解姜維的進一步信息。結果發現，姜維各方面都相當出色，事母至孝、文武雙全、智勇足備，目前在天水做參軍。於是諸葛亮下決心要收降姜維加入自己的事業。

> 姜維（西元二〇二—二六四年），字伯約，天水冀（今甘肅甘谷東南）人。三國時期蜀漢著名軍事家、軍事統帥。原為曹魏天水郡的中郎將，後降蜀漢，官至涼州刺史、大將軍。

諸葛亮選拔姜維，用現代眼光看，其實就是相當於人才梯隊建設，培養年輕幹部。那麼，孔明先生在選拔姜維上體現出了什麼策略特徵呢？

這個策略在諸葛亮的傳世文集當中可以找到明確的記載。諸葛亮有一篇非常著名的文章，叫做「便宜十六策」，便宜十六策就是簡便易行的十六個管人做事的方法。

在這篇文章裡，關於選拔人才，諸葛亮有兩句非常有見地的話，他說：「直木出於幽林，直士出於眾下。」「故人君選舉，必求隱處。」

這是什麼意思呢？孔明先生告訴我們，高大挺拔的木材都生長在密林深處，才能卓越的人才都隱藏在芸芸大眾當中。所以，高明的人選拔人才，要向下看，向隱處看，向不起眼的地方看。有人就說了，這不對啊，人才為什麼要到不起眼的地方去找呢？應該到顯眼的地方去找才行啊！

其實這裡邊，還隱藏著一個故事。西晉初年有一個名人叫王戎，此人是諸葛亮的老鄉，山東臨沂人，他比諸葛亮小，諸葛亮六出祁山的時候王戎剛剛出生。《世說新語》中記載了這樣一個故事，說王戎小時候很聰明，七歲的時候曾經和小朋友們一起出去玩耍。看見路邊有株李子樹，結了很多李子，枝條都被壓彎了。那些小朋友都爭先恐後地跑去摘，只有王戎沒有動。大家問他為什麼不去摘李子，王戎回答說：「這樹長在路邊，結了這麼多李子卻沒人摘，這李子一定是苦的。」其他小孩子摘來一嘗，果然是苦的。這個故事告訴我們一個基本的道理——「路邊的李子是苦的！」

也就是說，擺在明處的好東西，你覺得好，大家都不是傻子，大家都會覺得好的。所以，擺在明處的好東西，不等你來拿，肯定早被別人拿走了！假如一個東西擺在明處，大家看了半天，卻人人都不來拿，說明這個東西一定有問題！

這就是隱處求才的原因。因為路邊的李子是苦的，甜的肯定早被人摘走了。所以，我們再來找李子，就一定要去那些隱蔽的，不容易被別人發現的地方。

我認識一個企業家，在學生畢業招聘高峰過後，突然想起來要招人才了，而且非要去那些熱門學校招畢業生！我告訴他，您要去熱門學校招人才您就早去，這麼熱門的地方，人才早被那些有名氣、有影響力的公司給搜刮好多遍了，哪還輪到你啊？所以，這個時候去名校不容易招到人，倒是可以去一些不是很熱門的學校，那些地方反而會有不被發現的人才！

諸葛亮選人才的高明就在這裡，他知道國與國競爭根本上就是人才競爭，各方面都在搜羅人才，以曹魏在人事方面的選拔機制和工作力度來看，一般地方的人才恐怕早就被搜羅走了，反而是一些隱蔽的地方，比如像天水這樣偏僻的地方，倒是有可能還有一些人才沒有被發現。

這就叫「常有寒門出國士，偏向低處尋高人」。

認定了姜維的才能以後，諸葛亮巧妙地使用了反間計，讓姜維的上級領導和姜維反目成仇，最後輕而易舉就收服了姜維。在這裡，孔明沒有用活捉、圍困等常用的手段讓姜維就範，而是使用了比較複雜、費力的反間計。為什麼要捨近求遠，使用費力的反間計呢？

我們說，這個反間計用得非常合適，一方面沒有和姜維正面作戰，沒有傷了和氣，有利於將來一起工作；一方面讓姜維和原來單位的領導同事鬧翻了臉，絕了姜維的退路，讓他一心一意和我們一起做事業。

所以在選拔使用姜維上邊，諸葛亮是早有準備的。歷史告訴我們，任何一件大事的成功，說到底也都是用人的成功，當然任何一件大事的失敗，說到底也都是用人的失敗！用姜維是諸葛亮人才政策的一個具體體現。不過僅僅有一個姜維可不足以保證基業長青、後繼有人。說到這裡，我就想強調一個詞了，這個詞就是梯隊。

英雄不可能常勝，高手不會永遠那麼高。江山代有人才出，各領風騷幾十年。我在做人力資源管理研究的過程當中，接觸到這樣的管理者，他們往往因為手下有一兩個，甚至三五個高人、能人就沾沾自喜。比如有一位方總，創業的時候聯合了兩個哥們兒，一位是行銷高手，一位是技術專家，要說水準，那都是狗攆鴨子——呱呱叫的！方總對待這兩個哥們兒那是給股份、給職位、給信任，一起創業，三個人配合得非常好，公司蒸蒸日上。老方為此常常自鳴得意！在接觸到他們公司以後，我提了一個問題，說你們公司人才政策有問題。他跟我急了，他說，我要能人有能人，要政策有政策，要信任有信任，我人才管理上能有什麼問題？我說，很簡單，你的人才沒有梯隊。什麼是梯隊？說白了，就是吃著嘴裡的，看著碗裡的，想著鍋裡的，還要種著地裡的！

人才一定要這樣，有使用的、有考察的、有儲備的、有培養的。只有這樣，事業才能健康發展。為什麼呢？原因有兩個：一個是事業不斷擴大，眼前的人才肯定不夠，不培養不儲備，就會供不應求；二是現有的人才從身體到知識技能都會逐漸老化，時代在發展，社會在進步，只有不斷增加新血，才能滿足發展的需要。所以一定要有梯隊，使用一批，培養一批，儲備一批，發現一批，要同時進行！

回過頭大家看《三國演義》，大家都知道《三國演義》裡有九大高手，一呂二趙三典韋四關五馬六張飛七黃八夏九姜維，到了蜀漢建興六年諸葛亮北伐中原的時候，這九個人當中，前八個除了趙雲以外，其他的都已經駕鶴西去了，而姜維小夥子才剛剛二十多歲年紀，正是風華正茂、意氣風發，那真是長江後浪推前浪，一代新人換舊人啊！

前些天我們看世界盃就看到了——賽場是不變的，但場上的英雄永遠是變化的！第二名的趙雲被第九名的姜維給淘汰了這很正常，那第一名的義大利不是也在小組賽中被淘汰了嘛！老馬追不上小馬，老鷹鬥不過小鷹，義大利很失意，法國沒辦法，這都是必然，因為世界是屬於年輕人的！「青春之歌」「青春萬歲」「青春只有一次」，老年趙雲的時代過去了，人家少年姜維的時代到來了。所以，一個有眼光的領導一定要保持對年輕人的興趣！

我們要稱讚一下孔明先生，他做到這一點了。基業長青離不開後繼有人。誰失去了年輕人，誰就失去了未來。今天我們傳播國學也是這樣，必須關注年輕人、吸引年輕人，擁有了年輕人，才擁有了未來。這個問題引起了孔明先生的足夠重視。

那麼諸葛亮是怎麼培養和使用年輕人的呢？總結起來，他主要用了以下幾個策略。

管理智慧箴言

基業長青離不開後繼有人。誰失去了年輕人，誰就失去了未來。

策略一 慧眼看才能，俗眼看性格

說到這個策略，我們要從一個悲情時刻說起。

《三國演義》記載了諸葛亮的最後時刻。蜀漢建興十二年八月二十三日這一天，臥病在床的諸葛亮突然有了一點精神，他要帶領眾將巡查五丈原軍營。算起來，從春天出兵北伐以來，和司馬懿相持在此已經三個多月了。北伐沒有任何起色，但是諸葛亮的身體卻一天不如一天。看到諸葛丞相今天終於能巡查軍營了，大家心裡稍微看到了一點希望。守護中軍的大將就是在天水郡吸納的人才姜維，他親自安排人把孔明扶上了小車。五丈原上草木凋零，一片蕭索，諸葛亮坐在熟悉的小車上，出寨遍觀各營，這是諸葛亮一生中最後一次視察自己的部隊了，他心裡滿是悲涼，才走不遠就感覺秋風吹面，徹骨生寒，禁不住長歎一聲：「再不能臨陣討賊矣！悠悠蒼天，曷此其極！」

此時此刻，諸葛亮擔心的已經不再是自己的健康了，因為他知道自己將不久於人世。那麼他最擔心的是什麼呢？他最擔心的是一旦自己撒手人寰，這眼前的十幾萬大軍，如何能在老謀深算的司馬懿眼皮底下安然撤退。誰又能擔當這個執掌全局、指揮撤退的重任呢？

當晚諸葛亮病情再次惡化，彌留之際他把全軍撤退的任務託付給了一個人，就是長史楊儀。為什麼把這麼生死攸關的事情託付給楊儀呢？因為楊儀占兩條：一、通曉全盤。這位楊儀先生，字威公，是襄陽人，也是荊州幹部。先在關羽手下做功曹，後來追隨劉備入川，《三國志》中說「先主與語論軍國計策，政治得失，大悅之」，於是得到了突擊提拔，被破格提拔為尚書。諸葛亮非常欣賞楊儀的才幹。北伐的時候，楊儀被任命為行軍長史，也就是相當於祕書長，「軍戎節度，取辦於儀」。在抓全盤工作上，他既有經驗又有能力。二、楊儀思維敏捷，有急智。《三國志》記載：「諸葛亮數出軍，儀常規劃分部，籌度糧穀，不稽思慮，斯須便了。」這個反應速度是處理緊急事情必不可少的一個關鍵才能。在激烈的競爭中，不是大魚吃小魚，而是快魚吃慢魚。勝利不光靠實力，還要靠速度。十秒之內出一個能打七十分的答案，就勝利了；兩天做出一個能打一百分的答案，照樣會失敗，比的是速度。楊儀有這個速度！

楊儀（？—二三五年），字威公，襄陽（今湖北襄樊）人。三國時期蜀漢大臣，官至中軍師。

所以，經過再三斟酌，諸葛亮選中了楊儀，他交代楊儀說：「王平、廖化、張嶷、張翼、吳懿等，皆忠義之士，久經戰陣，多負勤勞，堪可委用。我死之後，凡事俱依舊法而行。緩緩退兵，不可急驟。汝深通謀略，不必多囑。姜伯約智勇足備，可以斷後。」楊儀泣拜受命。

楊儀在孔明過世以後，接掌了軍權，全面負責撤退工作，於是很多人自然而然地都以為接替諸葛亮接班人這個位置的非楊儀莫屬了，楊儀自己也是這麼想的。

不過，事實卻非常耐人尋味，楊儀把大軍安全撤回來以後，接到的新任命只是一個沒有實權的虛銜——中軍師。諸葛亮安排的接班人是資歷威望都比楊儀稍差一些的蔣琬。諸葛亮為什麼要這樣安排呢？因為楊儀有一個致命的弱點，就是楊儀的性格有問題。諸葛亮發現楊儀心胸狹窄，不能和周圍人很好地配合，當尚書的時候，和上級領導劉巴對著幹，當長史的時候，又和同事魏延對著幹。同時此人私心比較重，關鍵時刻擺不正個人和團隊的關係。有了這個缺點，再有才華，也只能擔任臨時授權的工作，不能執掌大權。

楊儀這種人還有一個要命的弱點，就是禁得起勝利，禁不起挫折，一旦有了點個人的挫折，整個人的心態就崩潰了！所以，在失去了接班人的機會以後，楊儀居然放話說：「當年丞相去世的時候，我是執掌全軍的，那個時候，我要是帶著隊伍投奔了曹魏，也不會受眼前這個窩囊氣啊！」這段謀反言論直接導致了楊儀的被貶自殺。

確實如諸葛亮生前看到的那樣，楊儀有才華沒氣量，屬於能力上沒問題但態度上有大問題的幹部，不用楊儀當接班人是完全正確的。

看年輕人要看兩點：一個是才能，一個是性格。那麼怎麼看呢？經驗證明，看才能要有獨特的角度、獨特的眼光，這個叫做獨具慧眼；看性格則必須要用一般的角度，用大眾的眼光，這個叫獨具俗眼。沒有慧眼，看不見大才；沒有俗眼，看不見大病。

管理智慧箴言

看才能要有獨特的角度、獨特的眼光，這個叫做獨具慧眼；看性格則必須要用一般的角度，用大眾的眼光，這個叫獨具俗眼。

用慧眼看，楊儀確實有才能，這個才能足堪重任，但是用俗眼看，楊儀性格有大問題，這個性格不能擔當重任。慧眼看完才能以後，再用俗眼考察一下性格，這個就是諸葛亮的高明！

諸葛亮選接班人沒有選楊儀，那麼他選了誰呢？此人名叫蔣琬。

蔣琬（?—二四六年），零陵湘鄉人。三國時期著名的政治家、軍事家。初隨劉備入蜀，諸葛亮卒後封大將軍，輔佐劉禪，主持朝政，統兵禦魏。官至大司馬，安陽亭侯。

為什麼要選蔣琬接班呢？這個問題我準備從蔣琬的一個怪夢說起。《三國志》記載，蔣琬在當廣都縣縣令的時候做過一個怪夢，可以說是很恐怖的一個夢。這個夢把他嚇醒了，醒來以後，那個心還在突突亂跳。什麼夢讓蔣琬這麼害怕呢？是一個血流滂沱的夢，蔣琬夢見一頭體形龐大的耕牛站在自己的門口，渾身流血，血流如注，且顏色鮮紅，簡直是一頭「紅牛」。

這個夢把蔣琬搞得很緊張。用現代的心理學眼光來看，夢是壓抑的潛意識，是內心焦慮的釋放，其實那頭牛就是蔣琬自己，而流血代表受到巨大傷害，甚至有生命危險。牛的象徵意義是勤勞肯幹，沒沒無聞。整個夢的意義就是蔣琬擔心勤勞肯幹、任勞任怨的自己生命受到威脅。

那麼是什麼事情讓蔣琬有這種焦慮，擔心自己的生命呢？

是因為有一位上級領導來檢查工作，蔣琬把人家給得罪了！這個上級領導不是別人，就是劉備劉玄德。

蔣琬本來是零陵湘鄉人，也屬於荊州幹部，劉備入川的時候蔣琬以書佐也就是祕書的身分隨先主入蜀，劉備一手把蔣琬提拔起來，讓他擔任廣都縣令。

這一次，劉備下基層路過廣都，順路來看看蔣琬的工作情況。結果發現，蔣琬身為地方長官，眾事不理，喝酒喝得大醉，大白天呼呼大睡，這下可把劉備給惹怒了！當場把蔣琬拿下，而且放出話來，要狠狠處理。

蔣琬擔心的就是這個。我們從蔣琬的夢裡可以分析出來，牛代表蔣琬對自己的工作能力和態度的肯定，血代表他擔憂自己的生命，而牛立在門前代表這種危險盡在眼前，馬上就要發生了。

就在劉備準備下狠手的時候，身為軍師的諸葛亮站出來說話了。《三國志》記載，諸葛亮說：「蔣琬，社稷之器，非百里之才也。其為政以安民為本，不以脩飾為先，原主公重加察之。」

從諸葛亮的語言當中，我們得到三個信息：第一、諸葛亮認為蔣琬有大才，可以治理國家；第二、蔣琬幹工作很關注民生，老百姓對他滿意；第三、蔣琬不會自我表現，面子工程和形象工程做得不好。

諸葛亮能對不愛表現的蔣琬有這樣中肯的評價，可見諸葛亮對蔣琬非常了解，確實是獨具慧眼的。同時，用俗眼看，用大眾眼光看，蔣琬的個性也不錯，比楊儀合適很多，蔣琬扎實細緻，沉穩大度，而且識大體顧大局，能擺正個人和團隊的關係。

有了諸葛亮的求情，蔣琬就沒有被問罪，不久諸葛亮安排他做了什邡令，再後來又提拔為丞相府參軍，諸葛亮數外出，蔣琬常足食足兵以相供給。後來諸葛亮密表後主：「臣若不幸，後事宜以付琬。」

從蔣琬的身上，我們依稀看到了當年龐統的影子。諸葛亮也是用看待龐統這樣專才的眼光來評價蔣琬的。對這樣的人才，不能因為他做這件事做不好，就輕易否定他的能力。有人能掃一屋，有人能掃天下，合理安排才是關鍵。事實證明，諸葛亮確實是具備慧眼的。後來，在諸葛亮去世以後，蔣琬在蜀漢政權當中，確實起到了穩定大局、力挽狂瀾的作用。

由此可見，諸葛亮在帶隊伍上邊是費了很多心思的。

其實，帶隊伍有兩種方式，一種是推，一種是拉。我們做一個比喻：一群羊在山坡上走，要保證走得安全又高效，首先要有一隻牧羊犬，牠起到推的作用，誰掉隊了就咬誰；另外還要有一隻領頭羊，牠起到拉的作用，就是引導示範，告訴大家怎麼走、往哪裡走。

平時，我們大家都很熟悉的考核獎勵懲罰措施，就是牧羊犬，這些能起到推的作用；但只有這些是完全不夠的，還必須要有人站出來引導、帶動、示範，我們現在很多組織的問題是推的力量有餘，拉的力量不足，很多人都認為只要有了胡蘿蔔和大棒，考核到位就可以解決所有問題了。這種思路是片面的，一定要推拉結合。諸葛亮做到推拉結合了嗎？我們來看諸葛亮使用年輕人的第二個策略——

策略二

完成任務靠推，提升修養要拉，推拉結合

要完成任務，必須要有考核有紀律，這是推的力量；要提高修養，必須要有示範有引導，這是拉的力量。一個年輕人，任務完成了，修養提升了，然後才可以委以重任。諸葛亮怎麼做的呢？

管理智慧箴言

要完成任務，必須要有考核有紀律，這是推的力量；要提高修養，必須要有示範有引導，這是拉的力量。

《三國志》記載了諸葛亮給後主上的一篇表：「成都有桑八百株，薄田十五頃，子弟衣食，自有餘饒。至於臣在外任，無別調度，隨身衣食，悉仰於官，不別治生，以長尺寸。若臣死之日，不使內有餘帛，外有贏財，以負陛下。」及卒，如其所言。

孔明先生確實是一位好領導，其嚴格自律、廉潔奉公讓我們禁不住肅然起敬。廉潔是一種力

量，孔明有一句話，說得特別好——「理上則下正，理身則人敬」。這句話告訴我們一個道理，領導是一個標竿，大家都會對著標竿調整自己的行為，這叫「上有所好，下必趨之」。

領導簡樸，下邊人就簡樸；領導風趣，下邊人就會說相聲；領導喜歡打高爾夫，連樓道裡打掃的老大爺用墩布拖地也這個動作！領導喜歡什麼，下邊的人就跟著喜歡什麼；領導堅持什麼，下邊的人就跟著堅持什麼。在言傳和身教兩種號召方法上，身教要比言傳管用得多。喊口號、提要求，不如親自示範，這叫做跟好人學好人，跟著巫婆學跳神。

諸葛亮真正發揮了標竿示範的作用，蜀漢有很多幹部都特別清廉，董和「死之日家無儋石之財」；鄧芝「終不治私產，死之日家無餘財」；呂乂「治身儉約，謙靖少言」。所以帶隊伍，既有嚴格的制度和紀律，又有領導的親自引導示範，孔明先生確實做到了推拉結合。

支撐諸葛亮內心世界的，除了價值觀層面的理想信念之外，在心理層面，還有一種特殊的內在力量，我們稱之為成就動機。大家注意，每個人做事情，動機是不一樣的。有的人為了錢，這是物質動機；有的人為了權力地位，這是權力動機；有的人為了感情，這是情感動機；還有的人，做事情是為了完成挑戰性任務，實現內心的滿足感和光榮感，這是成就動機。諸葛亮做事的動機就是這種成就動機。

成就動機到底是個什麼樣，我給大家舉個例子，比如打麻將，有人為了贏錢，這是物質動機；

有人為了在一起開心樂呵，這是情感動機；還有的人小的不和，專門喜歡和大的，十塊二十塊的多沒意思，一定要和七小對！那要是真的和了多開心！這個就是成就動機。

諸葛亮之所以要北伐，基本的驅動力就在這裡。有人說，四川也很好，我們鞏固政權，發展經濟，過過好日子，多開心！為什麼一定要勞民傷財北伐呢？我相信持這樣想法的從當年到現在都大有人在，而且以後還會有！

這些人和諸葛亮的動機類型是不一樣的。諸葛亮不要偏安，不要三分天下，他要的是實現遠大理想，統一中原，興復大漢。這個才能讓他滿意。什麼偏安啊，割據啊，這些小的統統不要，一定要一個大的！「寧可犧牲在聽牌的路上，也不和小牌。」他就是這個意思。人和人不一樣，根本的一點，是我們動機不一樣，所以同樣的事情，有不同的做法，也有不同的看法。

我們相信，如果是一個出於物質動機、權力動機，或者安全動機的人回到三國年間代替諸葛亮，他一定不會六出祁山的；一個出於成就動機的人要是回去，明明知道失敗的可能性很大，他一定還會努力爭取，六出祁山的。

為了確保北伐的成功，諸葛亮靠推拉結合，培養和調動了一大批年輕幹部加入自己的隊伍。對這些人是怎麼使用的呢？我們來看一下他的策略——

策略三

抓大放小，收放並重

西元二二八年，諸葛亮第一次出兵北伐。俗話說萬事開頭難，這第一次可不比第二次、第三次，事事都是從頭開始，處處都是白手起家。

出兵之前，諸葛亮首先安排的是後方，《三國演義》中記載得比較詳細，說孔明留郭攸之、董允、費禕等為侍中，總攝宮中之事；又留將軍向寵總督御林軍馬；蔣琬為參軍、張裔為長史，掌丞相府事；還有楊洪為尚書；孟光為祭酒；尹默為博士；費詩為祕書；譙周為太史。內外文武官僚一百餘員，都做了認真的安排部署。

安排好了後方，又安排前方。武將方面，有鎮東將軍趙雲、鎮北將軍魏延、平北將軍馬岱等十六員大將；文的方面有包括綏軍將軍楊儀、安遠將軍馬謖帶領的四個護軍四個參軍等十多個文官。另外特別安排託孤大臣李嚴把守永安要道，防備東吳。

一切都打點好了，大軍進到沔水北岸，諸葛亮擂鼓聚將，正準備商量北伐大事。忽聽帳下有人大喊一聲走上帳來。只見此人身高八尺，面如重棗，三綹長髯，冷眼一看，有點像關羽關雲長。這員大將是誰呢？此人乃是魏延魏文長。魏延此時的職務是鎮北將軍都亭侯，在三軍當中武功和地位僅次於趙雲。

> 魏延（？—二三四年），字文長，義陽（今河南省信陽）人。三國時期蜀漢將領。諸葛亮死後，魏延因不願受長史楊儀約束而於退軍途中燒絕棧道，反攻楊儀，卻因部屬不服而敗逃，被楊儀所遣的馬岱所斬。

魏延進帳是來獻計獻策的。當時第一次北伐的時候，魏將夏侯楙為安西將軍，鎮守長安，魏延就建議說：「夏侯楙就是個公子哥，怯而無謀。我申請帶精兵五千，直從褒中出，循秦嶺而東，當子午而北，不過十日可到長安。夏侯楙聽說我突然到達，一定會乘船逃走。長安就是我們的啦！敵人重新整合隊伍需要二十多日，丞相利用這個時間完全可以指揮大軍到達，這樣咸陽以西一舉可定啊！」

用今天的觀點來看，這個策略是非常有戰略眼光的。不過，缺點是風險大了一點。諸葛亮認為這麼做風險太大，不如按部就班地進軍穩妥，所以就當場拒絕了魏延的建議。

從北伐出兵這一幕我們看到，諸葛亮收放的原則很明確，一般的事情可以讓下邊的年輕幹部去做、去決定，但是關鍵的戰略方向，必須要自己牢牢掌控。大家看，政府工作放給了蔣琬、張裔，

宮中事務交給了董允，後方軍事交給了向寵，東方戰線放給了李嚴。但是，北伐的大戰略諸葛亮卻牢牢地掌握在自己手裡，不放給任何人。

魏延的戰略建議沒通過，有什麼反應呢？魏延這叫一個不痛快！那心情，真是牆角的皮球，憋著氣兒；野地的馬蜂，帶著刺兒；出鍋的麻花，擰著勁兒。所以《三國志》上說，魏延「常謂亮為怯，嘆恨己才用之不盡」。可見，魏延是一個和諸葛亮做事風格完全不一樣的人，他更有冒險精神，更大膽，而且希望獨當一面，不甘心當諸葛亮手中的一個棋子。同時，魏延還是一個比較高傲的人，「既善養士卒，勇猛過人，又性矜高，當時皆避下之」。所以，他和周圍同事的關係也比較緊張。和領導唱反調，和同事不配合。這是魏延這個人的特點。

所以，諸葛亮寧可用馬謖，街亭失敗退回漢中，也不用魏延取長安冒險成功。為什麼不用魏延呢？這暴露出孔明先生的一個用人心理，就是喜歡用比較乖的、和領導保持一致的幹部，不喜歡唱反調、有性格、比較張揚的人。

其實，乖孩子有乖孩子的好，淘氣孩子有淘氣孩子的好！往往突破性的工作、挑戰性的任務，都是淘氣的孩子完成的。大家看《亮劍》中的李雲龍就不是一個乖孩子，和魏延一樣喜歡唱反調、有性格、比較張揚，但就是因為這一點，他才能有那麼多的貢獻。

所以，搭班子，有一個重要的原則，就是互補性，每個人都有缺點和不足。打個比喻，我們人人都是一張白紙，這張白紙上難免要有一些窟窿，那麼如何彌補呢？最好的辦法就是把兩張白紙疊加在一起，我有漏洞的地方你沒有，你有漏洞的地方我沒有，這樣窟窿自然就會減少了。這就是利用團隊互補來彌補個人不足的方法，不過大家想，如果兩張白紙窟窿的位置都是一樣的，那疊加的結果是什麼？不但不能互補，而且毛病會加劇！

孔明先生安排幹部的時候，太喜歡一種類型的人，就容易造成團隊的弱點。用人一定要多樣化！排斥魏延，沒有給他更大的施展空間，是一個遺憾。這一點，也值得我們每個人深思。做事情，不能只用自己看著順眼的人。風格互補的人在一起，才是最佳組合。

孔明到底幾次北伐呢，比較傳統的說法是「六出祁山」。根據《三國志》和《資治通鑑》記載，其實諸葛亮對曹魏用兵共有七次：

第一次在建興六年春，諸葛亮事先揚言走斜谷道取郿，讓趙雲、鄧芝設疑兵吸引曹真重兵，自己率大軍攻祁山（今甘肅西和縣西北）。隴右的南安、天水和安定三郡反魏附蜀。張郃出拒，大破馬謖於街亭。諸葛亮只得返回漢中。這是第一次出祁山。

第二次在同年的冬天，諸葛亮兵出散關（今陝西寶雞市西南）圍陳倉，圍攻二十餘日不克，糧盡而退還漢中。魏將王雙來追，中埋伏被斬。諸葛亮使用了精采的「回馬槍」戰術，此後，蜀軍撤退，魏軍再不敢大肆來追。

第三次是在建興七年春天，諸葛亮先派遣陳式攻武都、陰平二郡。雍州刺史郭淮引兵救之，諸葛亮自出至建威（今甘肅省西和縣西），郭淮退。這次諸葛亮占領了上述二郡。

第四次是在建興八年秋天，這次是防禦戰，不過沒有真打起來。魏軍三路進攻，司馬懿出西城，張郃出子午谷，曹真出斜谷。諸葛亮率軍駐於城固、赤阪。正趕上天下大雨，魏軍半途退兵。第五次也是在這一年，諸葛亮使魏延、吳懿帶一旅偏師西入羌中，大破魏後將軍費曜、雍州刺史郭淮。

第六次是在建興九年二月，諸葛亮率大軍攻祁山。此時曹真病重，司馬懿都督關中諸將出拒。諸葛亮割麥於上邽（今甘肅省天水市）。司馬懿追諸葛亮至鹵城（今天水市與甘谷之間），掘營自守，有「畏蜀如畏虎」之譏。五月，司馬懿與諸葛亮交兵，魏延等將斬獲敵甲首三千級，玄鎧五千領，角弩三千一百張。六月，李嚴因運糧不濟呼諸葛亮還。魏將張郃帶兵追至木門，中了蜀軍埋伏，張郃中箭身亡。諸葛亮用精采的回馬槍戰術，消滅了勁敵。這是諸葛亮第二次使用「回馬槍」戰術。

第七次是建興十二年二月，諸葛亮率大軍出斜谷道，據武功五丈原，屯田於渭濱。相持至八月，司馬懿採取固守戰略，一直閉門不出，雙方主力沒有正面決戰，蜀漢建興十二年秋天八月二十三日諸葛亮卒於五丈原。

以上七次用兵中，第四次是防禦且沒有真打，第五次是偏師，諸葛亮沒有參加，所以真正意義上的北伐確切地說應該是五次。

綜上所述，根據史料，諸葛亮「五伐中原」的提法應該比「六出祁山」更為準確可信。

《三國演義》中記載了一個有趣的情節，說為了刺激司馬懿出戰，諸葛亮使用了激將法，他取來婦人穿的衣物，盛於大盒之內，修書一封，遣人送至魏寨，並修書信一封，信中大意是說：「你司馬懿作為大將，就該勇敢戰鬥，一決雌雄。你要是男人，就早點帶兵出來決戰，如果你害怕戰鬥，不敢出來，你就和婦人一樣了，那我就專門給你準備了婦人的衣服，您就早點穿上吧。」

這就是激將法。司馬懿呢，根本沒有上當，反而厚賞了來使，而且很陰險地問：「你們諸葛丞相最近身體如何，工作如何，飲食如何呀？」使者說：「丞相夙興夜寐，罰二十以上皆親覽焉。所啖之食，日不過數升。」司馬懿顧謂諸將曰：「孔明食少事煩，其能久乎？」這件事，在《三國志》裴注當中，也有相同的記載，可以相信是真實的。

那麼，既然這件事是真實的，有人就評論了，說諸葛亮當領導管得太細了，大事小事都操心，打二十板以上，都要親自去數一數，那肯定要累死的！這個不對！

但是也有人說，細節決定成敗，領導當然要關注細節呀！孔明先生工作抓得細一些沒有問題，關鍵在於他抓得這麼細，但是沒有堅持鍛鍊身體，這個不對！

兩派觀點爭執不下。關於諸葛亮的工作方式到底是對還是不對，我們給大家一個基本的分析原則，這句話叫做：領導者只關注異常不關注正常，只關注例外不關注例行。正常的事情有下屬管，例行的事情有制度管，不用領導自己管。

管理智慧箴言

領導者只關注異常不關注正常，只關注例外不關注例行。

任何一個任務都會有海量的細節，如果不加選擇地關注，會被累死的。一定要先篩選，在眾多細節當中篩選最要緊的、最有戰略價值的去關注。所以我們送給大家兩句話：一、選擇比努力更重要；二、拿著顯微鏡是看不見大象的。管理的本質就是通過別人完成工作。你自己都做了，那叫勞模，自己不做調動別人做，那才叫管理。所以，管理的規律是這樣的：有一件事情，你能做得好，那叫合格；有十件事情你能做得好，那是優秀；有五十件事情你都能做好，那就叫卓越；有一百件事情你還想努力把它們都做好，那就叫找死。

從上述觀點來看，孔明先生確實有點管得過細了，沒有做很好的篩選。有人就說，他這樣做說明他沒才能，他根本不懂怎麼當領導！這個觀點對嗎？不對！諸葛亮的這種行為，不是能力問題，而是性格問題。他就是這種性格，性格決定命運啊。

那麼孔明先生是什麼性格呢？我們來分析一下。首先，心理學有一個很有參考價值的觀點，叫做童年是人生的父親，環境是人生的母親。也就是說，人的性格是在幼年和童年的時期形成的，而且受到了周圍環境的深刻影響。

那麼，我們就來分析一下諸葛亮的性格形成過程。大家知道諸葛亮是個孤兒，父母早亡，童年時代沒有父愛，缺少母愛，後來，叔叔去世，哥哥出走，只能一個人挑大梁帶著一個弟弟、兩個姊姊艱難生活。

一個孤兒，首先的一個性格就是缺乏安全感，其次是控制欲比較強，一切都要在自己控制之內才放心。所以，我們又找到了六出祁山的一個原因，就是缺乏安全感。一個缺乏安全感的人，往往容易主動出手攻擊，一旦停下來，心裡就會不踏實。寧可抱著刀睡在別人門口，也不能回家睡在自己臥室裡。因為在自己的床上睡不著，覺得不安全！諸葛亮一次一次北伐，除了成就動機之外，還有一個就是這個性格原因造成的。

另外，一個缺乏安全感的人，往往喜歡控制，不願意放手。交給別人了自己心裡不踏實，自己做了就安心了。這也是諸葛亮大事小事都自己做的一個主要原因。

根據性格不同，領導者分為四種類型：

第一種是鷹型領導，這樣的人高高在上，有戰略高度，會授權，但是會瞄準一線，緊緊盯著。曹操就是這個類型，有高度，一般事都交給下邊人，但是疑心重，緊緊盯著，保持監控。

第二種是龍型領導，這樣的人也是高高在上，會授權，但是他並不緊緊盯著，而是若隱若現，三國裡，孫權是這樣的領導。你看，火燒赤壁，交給周瑜，他自己沒出場；白衣渡江交給呂蒙，他自己沒出場；火燒連營交給陸遜，自己還是在後方居中調度，只要某些關鍵時刻出現一下就可以。

第三種是牧羊犬型領導，這樣的人親臨一線，跑前跑後，但具體事情上自己並不動手，甚至連朝哪裡走也交給領頭羊，他做的主要是督促，劉備是這個類型的領導。主要負責督促和激勵，戰略上有人安排，實施中也不必親自動手。不過，牧羊犬再著急，也不會上來帶隊吃草，一旦真的帶隊伍了，那就是災難。後來，劉備非要親自上陣，結果導致火燒連營七百里，這就是證明。

第四種是老母雞型領導，扎根一線，親力親為，能自己忙的都自己忙，能自己扛的都自己扛，而且總盯著小雞，擔心他們幹不好受傷害，一著急，乾脆你靠邊，我替你做吧！最後把自己搞得筋疲力盡。孔明就是這個類型的領導。

任何一個類型的領導都不是完美的，都需要借助團隊互補才可以成功。領導的類型，不僅僅是能力問題，它背後主要還有一個性格問題。孔明的生活經歷造就了他的性格，而性格的特點決定了他的領導風格和他一生的命運。性命性命，性格就是命運啊！諸葛亮的一生，是理想、信念、成就動機和缺乏安全感的性格聯合推動的一生，他的所有成功和失敗，都融合了這幾個因素。

在民間傳說中，我們把他描述成一個聖人、一個神人，但其實真實的諸葛亮也是一個和我們一樣的普通人。他也夢想過，奮鬥過，彷徨過，猶豫過，他有精采，也有失落。在自己起伏跌宕的一生當中，他沒有向困難低頭，沒有貪圖富貴，沒有拿心中的夢想去做交易，他竭盡全力朝著理想不懈努力。這種精神已經成為我們民族寶貴財富的一部分，今天我們談論諸葛亮，其實不只是在談一個人，而是在談一種精神，一種生活方式，甚至一種人生的信念。

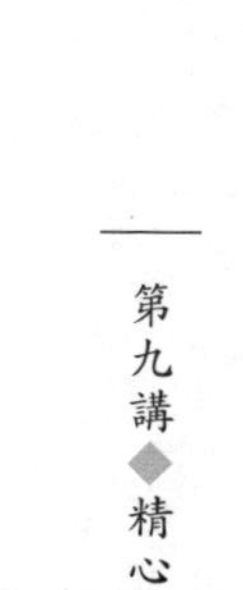

英雄不一定能實現自己的理想，但是英雄一定能引導他人找到理想。我相信，在孔明先生身上，我們不光找到了智慧，而且找到了其他一些更加寶貴的東西，這些東西值得我們用一生去珍惜！

■附錄

諸葛亮傳①

諸葛亮字孔明，琅邪陽都人也。漢司隸校尉諸葛豐後也。父珪，字君貢，漢末為太山郡丞。亮早孤，從父玄為袁術所署豫章太守，玄將亮及亮弟均之官。會漢朝更選朱皓代玄。玄素與荊州牧劉表有舊，往依之㈠。玄卒，亮躬耕隴畝，好為梁父吟㈡。身長八尺，每自比於管仲、樂毅，時人莫之許也。惟博陵崔州平、潁川徐庶元直與亮友善，謂為信然㈢。

㈠獻帝春秋曰：初，豫章太守周術病卒，劉表上諸葛玄為豫章太守，治南昌。漢朝聞周術死，遣朱皓代玄。皓從揚州太守劉繇求兵擊玄，玄退屯西城，皓入南昌。建安二年正月，西城民反，殺玄，送首詣繇。此書所云，與本傳不同。

㈡漢晉春秋曰：亮家於南陽之鄧縣，在襄陽城西二十里，號曰隆中。

①選自《三國志・諸葛亮傳》。

㈢案崔氏譜：州平，太尉烈子，均之弟也。

魏略曰：亮在荊州，以建安初與潁川石廣元、徐元直、汝南孟公威等俱游學，三人務於精熟，而亮獨觀其大略。每晨夜從容，常抱膝長嘯，而謂三人曰：「卿三人仕進可至刺史郡守也。」三人問其所至，亮但笑而不言。後公威思鄉里，欲北歸，亮謂之曰：「中國饒士大夫，遨遊何必故鄉邪！」臣松之以為魏略此言，謂諸葛亮為公威計者可也，若謂兼為己言，可謂未達其心矣。老氏稱知人者智，自知者明，凡在賢達之流，固必兼而有焉。以諸葛亮之鑒識，豈不能自審其分乎？夫其高吟俟時，情見乎言，志氣所存，既已定於其始矣。若使游步中華，騁其龍光，豈夫多士所能沉翳哉！委質魏氏，展其器能，誠非陳長文、司馬仲達所能頡頏，而況於餘哉！苟不患功業不就，道之不行，雖志恢宇宙而終不北向者，蓋以權御已移，漢祚將傾，方將翊贊宗傑，以興微繼絕克復為己任故也。豈其區區利在邊鄙而已乎！此相如所謂「鵾鵬已翔於遼廓，而羅者猶視於藪澤」者矣。公威名建，在魏亦貴達。

時先主屯新野。徐庶見先主，先主器之，謂先主曰：「諸葛孔明者，臥龍也，將軍豈願見之乎？」㈠先主曰：「君與俱來。」庶曰：「此人可就見，不可屈致也。將軍宜枉駕顧之。」由是先主遂詣亮，凡三往，乃見。因屏人曰：「漢室傾頹，奸臣竊命，主上蒙塵。孤不度德量力，欲信大義於天下，而智術淺短，遂用猖獗，至于今日。然志猶未已，君謂計將安出？」亮答曰：「自董卓已來，豪傑並起，跨州連郡者不可勝數。曹操比於袁紹，則名微而眾寡，然操遂能克紹，以弱為強者，非惟天時，抑亦人謀也。今操已擁百萬之眾，挾天子而令諸侯，此誠不可與爭鋒。孫權據有江東，已歷三世，國險而民附，賢能為之用，此可以為援而不可圖也。荊州北據漢、沔，利盡南海，東連吳會，西通巴、蜀，此用武之國，而其主不能守，此殆天所以資將軍，將軍豈有意乎？益州險塞，沃野千里，天府之土，高祖因之以成帝業。劉璋闇弱，張魯在北，民殷國富而不知存恤，智能之士思得明君。將軍既帝室之胄，信義著於四海，總攬英雄，思賢如渴，若跨有荊、益，保其巖阻，西和諸戎，南撫夷越，外結好孫權，內脩政理；天下有變，則命一上將將荊州之軍以向宛、洛，將軍身率益州之眾出於秦川，百姓孰敢不簞食壺漿以迎將軍者乎？誠如是，則霸業可成，漢室可興矣。」先主曰：「善！」於是與亮情好日密。關羽、張飛等不悅，先主解之曰：「孤之有孔明，猶魚之有水也。願諸君勿復言。」羽、飛乃止(二)。

(一)襄陽記曰：劉備訪世事於司馬德操。德操曰：「儒生俗士，豈識時務？識時務者在乎俊傑。此間自有伏龍、鳳雛。」備問為誰，曰：「諸葛孔明、龐士元也。」

(二)魏略曰：劉備屯於樊城。是時曹公方定河北，亮知荊州次當受敵，而劉表性緩，不曉軍事。亮乃北行見備，備與亮非舊，又以其年少，以諸生意待之。坐集既畢，眾賓皆去，而亮獨留，備亦不問其所欲言。備性好結毦，時適有人以髦牛尾與備者，備因手自結之。亮乃進曰：「明將軍當復有遠志，但結

毦而已邪！」備知亮非常人也，乃投毦而答曰：「是何言與！我聊以忘憂耳。」亮遂言曰：「將軍度劉鎮南孰與曹公邪？」備曰：「不及。」亮又曰：「將軍自度何如也？」備曰：「亦不如。」曰：「今皆不及，而將軍之眾不過數千人，以此待敵，得無非計乎！」備曰：「我亦愁之，當若之何？」亮曰：「今荊州非少人也，而著籍者寡，平居發調，則人心不悅；可語鎮南，令國中凡有游戶，皆使自實，因錄以益眾可也。」備從其計，故眾遂強。備由此知亮有英略，乃以上客禮之。九州春秋所言亦如之。

臣松之以為亮表云「先帝不以臣卑鄙，猥自枉屈，三顧臣於草廬之中，諮臣以當世之事」，則非亮先詣備，明矣。雖聞見異辭，各生彼此，然乖背至是，亦良為可怪。

劉表長子琦，亦深器亮。表受後妻之言，愛少子琮，不悅於琦。琦每欲與亮謀自安之術，亮輒拒塞，未與處畫。琦乃將亮游觀後園，共上高樓，飲宴之間，令人去梯，因謂亮曰：「今日上不至天，下不至地，言出子口，入於吾耳，可以言未？」亮答曰：「君不見申生在內而危，重耳在外而安乎？」琦意感悟，陰規出計。會黃祖死，得出，遂為江夏太守。俄而表卒，琮聞曹公來征，遣使請降。先主在樊聞之，率其眾南行，亮與徐庶並從，為曹公所追破，獲庶母。庶辭先主而指其心曰：「本欲與將軍共圖王霸之業者，以此方寸之地也。今已失老母，方寸亂矣，無益於事，請從此別。」遂詣曹公(一)。

㈠魏略曰：庶先名福，本單家子，少好任俠擊劍。中平末，嘗為人報讎，白堊突面，被髮而走，為吏所得，問其姓字，閉口不言。吏乃於車上立柱維磔之，擊鼓以令於市鄽，莫敢識者，而其黨伍共篡解之，得脫。於是感激，棄其刀戟，更疏巾單衣，折節學問。始詣精舍，諸生聞其前作賊，不肯與共止。福乃卑躬早起，常獨掃除，動靜先意，聽習經業，義理精熟。遂與同郡石韜相親愛。初平中，中州兵起，乃與韜南客荊州，到，又與諸葛亮特相善。及荊州內附，孔明與劉備相隨去，福與韜俱來北。至黃初中，韜仕歷郡守、典農校尉，福至右中郎將、御史中丞。逮大和中，諸葛亮出隴右，聞元直、廣元仕財如此，歎曰：「魏殊多士邪！何彼二人不見用乎？」庶後數年病卒，有碑在彭城，今猶存焉。

先主至於夏口，亮曰：「事急矣，請奉命求救於孫將軍。」時權擁軍在柴桑，觀望成敗，亮說權曰：「海內大亂，將軍起兵據有江東，劉豫州亦收眾漢南，與曹操並爭天下。今操芟夷大難，略已平矣，遂破荊州，威震四海。英雄無所用武，故豫州遁逃至此。將軍量力而處之：若能以吳、越之眾與中國抗衡，不如早與之絕；若不能當，何不案兵束甲，北面而事之！今將軍外託服從之名，而內懷猶豫之計，事急而不斷，禍至無日矣！」權曰：「苟如君言，劉豫州何不遂事之乎？」亮曰：「田橫，齊之壯士耳，猶守義不辱，況劉豫州王室之胄，英才蓋世，眾士慕仰，若水之歸海，

若事之不濟，此乃天也，安能復為之下乎！」權勃然曰：「吾不能舉全吳之地，十萬之眾，受制於人。吾計決矣！非劉豫州莫可以當曹操者，然豫州新敗之後，安能抗此難乎？」亮曰：「豫州軍雖敗於長阪，今戰士還者及關羽水軍精甲萬人，劉琦合江夏戰士亦不下萬人。曹操之眾，遠來疲弊，聞追豫州，輕騎一日一夜行三百餘里，此所謂『強弩之末，勢不能穿魯縞』者也。故兵法忌之，曰『必蹶上將軍』。且北方之人，不習水戰；又荊州之民附操者，偪兵勢耳，非心服也。今將軍誠能命猛將統兵數萬，與豫州協規同力，破操軍必矣。操軍破，必北還，如此則荊、吳之勢彊，鼎足之形成矣。成敗之機，在於今日。」權大悅，即遣周瑜、程普、魯肅等水軍三萬，隨亮詣先主，并力拒曹公(一)。曹公敗於赤壁，引軍歸鄴。先主遂收江南，以亮為軍師中郎將，使督零陵、桂陽、長沙三郡，調其賦稅，以充軍實(二)。

(一)袁子曰：張子布薦亮於孫權，亮不肯留。人問其故，曰：「孫將軍可謂人主，然觀其度，能賢亮而不能盡亮，吾是以不留。」

臣松之以為袁孝尼著文立論，甚重諸葛之為人，至如此言則失之殊遠。觀亮君臣相遇，可謂希世一時，終始之分，誰能閒之？寧有中違斷金，甫懷擇主，設使權盡其量，便當翻然去就乎？葛生行己，豈其然哉！關羽為曹公所獲，遇之甚厚，可謂能盡其用矣，猶義不背本，曾謂孔明之不若雲長乎！

(二)零陵先賢傳云：亮時住臨烝。

建安十六年，益州牧劉璋遣法正迎先主，使擊張魯。亮與關羽鎮荊州。先主自葭萌還攻璋，亮與張飛、趙雲等率眾泝江，分定郡縣，與先主共圍成都。成都平，以亮為軍師將軍，署左將軍府事。先主外出，亮常鎮守成都，足食足兵。二十六年，群下勸先主稱尊號，先主未許，亮說曰：「昔吳漢、耿弇等初勸世祖即帝位，世祖辭讓，前後數四，耿純進言曰：『天下英雄喁喁，冀有所望。如不從議者，士大夫各歸求主，無為從公也。』世祖感純言深至，遂然諾之。今曹氏篡漢，天下無主，大王劉氏苗族，紹世而起，今即帝位，乃其宜也。士大夫隨大王久勤苦者，亦欲望尺寸之功如純言耳。」先主於是即帝位，策亮為丞相曰：「朕遭家不造，奉承大統，兢兢業業，不敢康寧，思靖百姓，懼未能綏。於戲！丞相亮其悉朕意，無怠輔朕之闕，助宣重光，以照明天下，君其勖哉！」亮以丞相錄尚書事，假節。張飛卒後，領司隸校尉(一)。

(一)蜀記曰：晉初扶風王駿鎮關中，司馬高平劉寶、長史滎陽桓隰諸官屬士大夫共論諸葛亮，于時譚者多譏亮託身非所，勞困蜀民，力小謀大，不能度德量力。金城郭沖以為亮權智英略，有踰管、晏，功業未濟，論者惑焉，條亮五事隱沒不聞於世者，寶等亦不能復難。扶風王慨然善沖之言。

臣松之以為亮之異美，誠所願聞，然沖之所說，實皆可疑，謹隨事難之如左：

其一事曰：亮刑法峻急，刻剝百姓，自君子小人咸懷怨歎，法正諫曰：「昔高祖入關，約法三章，秦

民知德，今君假借威力，跨據一州，初有其國，未垂惠撫；且客主之義，宜相降下，願緩刑弛禁，以慰其望。」亮答曰：「君知其一，未知其二。秦以無道，政苛民怨，匹夫大呼，天下土崩，高祖因之，可以弘濟。劉璋暗弱，自焉已來有累世之恩，文法羈縻，互相承奉，德政不舉，威刑不肅。蜀土人士，專權自恣，君臣之道，漸以陵替；寵之以位，位極則賤，順之以恩，恩竭則慢。所以致弊，實由於此。吾今威之以法，法行則知恩，限之以爵，爵加則知榮；榮恩並濟，上下有節。為治之要，於斯而著。」難曰：案法正在劉主前死，今稱法正諫，則劉主在也。諸葛職為股肱，事歸元首，劉主之世，亮又未領益州，慶賞刑政，不出於己。尋沖所述亮答，專自有其能，有違人臣自處之宜。以亮謙順之體，殆必不然。又云亮刑法峻急，刻剝百姓，未聞善政以刻剝為稱。

其二事曰：曹公遣刺客見劉備，方得交接，開論伐魏形勢，甚合備計。稍欲親近，刺者尚未得便會，既而亮入，魏客神色失措。亮因而察之，亦知非常人。須臾，客如廁，備謂亮曰：「向得奇士，足以助君補益。」亮問所在，備曰：「起者其人也。」亮徐歎曰：「觀客色動而神懼，視低而忤數，姦形外漏，邪心內藏，必曹氏刺客也。」追之，已越牆而走。難曰：凡為刺客，皆暴虎馮河，死而無悔者也。劉主有知人之鑒，而惑於此客，則此客必一時之奇士也。又語諸葛云「足以助君補益」，則亦諸葛之流亞也。凡如諸葛之儔，鮮有為人作刺客者矣，時主亦當惜其器用，必不投之死地也。且此人不死，要應顯達為魏，竟是誰乎？何其寂蔑而無聞！

章武三年春，先主於永安病篤，召亮於成都，屬以後事，謂亮曰：「君才十倍曹丕，必能安國，終定大事。若嗣子可輔，輔之；如其不才，君可自取。」亮涕泣曰：「臣敢竭股肱之力，效忠貞之節，繼之以死！」先主又為詔敕後主曰：「汝與丞相從事，事之如父。」㈠建興元年，封亮武鄉侯，開府治事。頃之，又領益州牧。政事無巨細，咸決於亮。南中諸郡，並皆叛亂，亮以新遭大喪，故未便加兵，且遣使聘吳，因結和親，遂為與國㈡。

㈠孫盛曰：夫杖道扶義，體存信順，然後能匡主濟功，終定大業。語曰弈者舉棊不定猶不勝其偶，況量君之才否而二三其節，可以摧服強鄰囊括四海者乎？備之命亮，亂孰甚焉！世或有謂備欲以固委付之誠，且以一蜀人之志。君子曰，不然；茍所寄忠賢，則不須若斯之誨，如非其人，不宜啟篡逆之塗。是以古之顧命，必貽話言；詭偽之辭，非託孤之謂。幸值劉禪闇弱，無猜險之性，諸葛威略，足以檢衛異端，故使異同之心無由自起耳。不然，殆生疑隙不逞之釁。謂之為權，不亦惑哉！

㈡亮集曰：是歲，魏司徒華歆、司空王朗、尚書令陳群、太史令許芝、謁者僕射諸葛璋各有書與亮，陳天命人事，欲使舉國稱藩。亮遂不報書，作正議曰：「昔在項羽，起不由德，雖處華夏，秉帝者之勢，卒就湯鑊，為後永戒。魏不審鑒，今次之矣；免身為幸，戒在子孫。而二三子各以耆艾之齒，承偽指而進書，有若崇、竦稱莽之功，亦將偪于元禍茍免者邪！昔世祖之創迹舊基，奮羸卒數千，摧莽彊旅四十餘萬於昆陽之郊。夫據道討淫，不在眾寡。及至孟德，以其譎勝之力，舉數十萬之師，救張

部於陽平，勢窮慮悔，僅能自脫，辱其鋒鋭之眾，遂喪漢中之地，深知神器不可妄獲，旋還未至，感毒而死。子桓淫逸，繼之以篡。縱使二三子多逞蘇、張詭靡之說，奉進驩兜滔天之辭，欲以誣毀唐帝，諷解禹、稷，所謂徒喪文藻煩勞翰墨者矣。夫大人君子之所不為也。又軍誡曰：『萬人必死，橫行天下。』昔軒轅氏整卒數萬，制四方，定海內，況以數十萬之眾，據正道而臨有罪，可得干擬者哉！」

三年春，亮率眾南征㈠，其秋悉平。軍資所出，國以富饒㈡，乃治戎講武，以俟大舉。五年，率諸軍北駐漢中，臨發，上疏曰：

先帝創業未半而中道崩殂，今天下三分，益州疲弊，此誠危急存亡之秋也。然侍衛之臣不懈於內，忠志之士忘身於外者，蓋追先帝之殊遇，欲報之於陛下也。誠宜開張聖聽，以光先帝遺德，恢弘志士之氣，不宜妄自菲薄，引喻失義，以塞忠諫之路也。宮中府中俱為一體，陟罰臧否，不宜異同。若有作姦犯科及為忠善者，宜付有司論其刑賞，以昭陛下平明之理，不宜偏私，使內外異法也。侍中、侍郎郭攸之、費禕、董允等，此皆良實，志慮忠純，是以先帝簡拔以遺陛下。愚以為宮中之事，事無大小，悉以咨之，然後施行，必能裨補闕漏，有所廣益。將軍向寵，性行淑均，曉暢軍事，試用於昔日，先帝稱之曰能，是以眾議舉寵為督。愚以為營中之事，悉以咨之，必能使行陳和睦，優劣得所。親賢臣，遠小人，此先漢所以興隆也；親小人，遠賢臣，此後漢所以傾頹也。先帝在時，每與臣論此事，未嘗不歎息痛恨於桓、靈也。侍中、尚書、長史、參軍，此悉貞良死節之臣，願陛下親之信之，則漢室之隆，可計日而待也。

臣本布衣，躬耕於南陽，苟全性命於亂世，不求聞達於諸侯。先帝不以臣卑鄙，猥自枉屈，三顧臣於草廬之中，諮臣以當世之事，由是感激，遂許先帝以驅馳。後值傾覆，受任於敗軍之際，奉命於危難之間，爾來二十有一年矣㈢。先帝知臣謹慎，故臨崩寄臣以大事也。受命以來，夙夜憂歎，恐託付不效，以傷先帝之明，故五月渡瀘，深入不毛㈣。今南方已定，兵甲已足，當獎率三軍，北定中原，庶竭駑鈍，攘除姦凶，興復漢室，還于舊都。此臣所以報先帝，而忠陛下之職分也。

至於斟酌損益，進盡忠言，則攸之、禕、允之任也。願陛下託臣以討賊興復之效；不效，則治臣之罪，以告先帝之靈。責攸之、禕、允等之慢，以彰其咎。陛下亦宜自謀，以諮諏善道，察納雅言，深追先帝遺詔。臣不勝受恩感激，今當遠離，臨表涕零，不知所言。遂行，屯于沔陽㈤。

㈠詔賜亮金鈇鉞一具，曲蓋一，前後羽葆鼓吹各一部，虎賁六十人。事在亮集。

㈡漢晉春秋曰：亮至南中，所在戰捷。聞孟獲者，為夷、漢所服，募生致之。既得，使觀於營陣之間，問曰：「此軍何如？」獲對曰：「向者不知虛實，故敗。今蒙賜觀看營陣，若秖如此，即定易勝

耳。」亮笑，縱使更戰，七縱七禽，而亮猶遣獲。獲止不去，曰：「公，天威也，南人不復反矣。」遂至滇池。南中平，皆即其渠率而用之。或以諫亮，亮曰：「若留外人，則當留兵，兵留則無所食，一不易也；加夷新傷破，父兄死喪，留外人而無兵者，必成禍患，二不易也；又夷累有廢殺之罪，自嫌釁重，若留外人，終不相信，三不易也；今吾欲使不留兵，不運糧，而綱紀粗定，夷、漢粗安故耳。」

(三)臣松之案：劉備以建安十三年敗，遣亮使吳，亮以建興五年抗表北伐，自傾覆至此整二十年。然則備始與亮相遇，在敗軍之前一年時也。

(四)漢書地理志曰：瀘惟水出牂牁郡句町縣。

(五)郭沖三事曰：亮屯于陽平，遣魏延諸軍并兵東下，亮惟留萬人守城。晉宣帝率二十萬眾拒亮，而與延軍錯道，徑至前，當亮六十里所，偵候白宣帝說亮在城中兵少力弱。亮亦知宣帝垂至，已與相偪，欲前赴延軍，相去又遠，回迹反追，勢不相及，將士失色，莫知其計。亮意氣自若，敕軍中皆臥旗息鼓，不得妄出菴幔，又令大開四城門，埽地卻洒。宣帝常謂亮持重，而猥見勢弱，疑其有伏兵，於是引軍北趣山。明日食時，亮謂參佐拊手大笑曰：「司馬懿必謂吾怯，將有彊伏，循山走矣。」候邏還白，如亮所言。宣帝後知，深以為恨。難曰：案陽平在漢中。亮初屯陽平，宣帝尚為荊州都督，鎮宛城，至曹真死後，始與亮於關中相抗禦耳。魏嘗遣宣帝自宛由西城伐蜀，值霖雨，不果。此之前後，無復有於陽平交兵事。就如沖言，宣帝既舉二十萬眾，已知亮兵少力弱，若疑其有伏兵，正可設防持重，何至便走乎？案魏延傳云：「延每隨亮出，輒欲請精兵萬人，與亮異道會于潼關，亮制而不許；延常謂亮為怯，歎己才用之不盡也。」亮尚不以延為萬人別統，豈得如沖言，頓使將重兵在前，而以輕弱自守乎？且沖與扶風王言，顯彰宣帝之短，對子毀父，理所不容，而云「扶風王慨然善沖之言」，故知此書舉引皆虛。

六年春，揚聲由斜谷道取郿，使趙雲、鄧芝為疑軍，據箕谷，魏大將軍曹真舉眾拒之。亮身率諸軍攻祁山，戎陳整齊，賞罰肅而號令明，南安、天水、安定三郡叛魏應亮，關中響震㈠。魏明帝西鎮長安，命張郃拒亮，亮使馬謖督諸軍在前，與郃戰于街亭。謖違亮節度，舉動失宜，大為郃所破。亮拔西縣千餘家，還于漢中㈡，戮謖以謝眾。上疏曰：「臣以弱才，叨竊非據，親秉旄鉞以厲三軍，不能訓章明法，臨事而懼，至有街亭違命之闕，箕谷不戒之失，咎皆在臣授任無方。臣明不知人，恤事多闇，春秋責帥，臣職是當。請自貶三等，以督厥咎。」於是以亮為右將軍，行丞相事，所總統如前㈢。

㈠魏略曰：始，國家以蜀中惟有劉備。備既死，數歲寂然無聲，是以略無備預；而卒聞亮出，朝野恐懼，隴右、祁山尤甚，故三郡同時應亮。

㈡郭沖四事曰：亮出祁山，隴西、南安二郡應時降，圍天水，拔冀城，虜姜維，驅略士女數千人還蜀。

人皆賀亮，亮顏色愀然有戚容，謝曰：「普天之下，莫非漢民，國家威力未舉，使百姓困於豺狼之吻。一夫有死，皆亮之罪，以此相賀，能不為愧。」於是蜀人咸知亮有吞魏之志，非惟拓境而已。難曰：亮有吞魏之志久矣，不始於此眾人方知也，且于時師出無成，傷缺而反者眾，三郡歸降而不能有。姜維，天水之匹夫耳，獲之則於魏何損？拔西縣千家，不補街亭所喪，以何為功，而蜀人相賀乎？

(三)漢晉春秋曰：或勸亮更發兵者，亮曰：「大軍在祁山、箕谷，皆多於賊，而不能破賊為賊所破者，則此病不在兵少也，在一人耳。今欲減兵省將，明罰思過，校變通之道於將來；若不能然者，雖兵多何益！自今已後，諸有忠慮於國，但勤攻吾之闕，則事可定，賊可死，功可蹻足而待矣。」於是考微勞，甄烈壯，引咎責躬，布所失於天下，厲兵講武，以為後圖，戎士簡練，民忘其敗矣。亮聞孫權破曹休，魏兵東下，關中虛弱。十一月，上言曰：「先帝慮漢、賊不兩立，王業不偏安，故託臣以討賊也。以先帝之明，量臣之才，故知臣伐賊才弱敵強也；然不伐賊，王業亦亡，惟坐待亡，孰與伐之？是故託臣而弗疑也。臣受命之日，寢不安席，食不甘味，思惟北征，宜先入南，故五月渡瀘，深入不毛，并日而食。臣非不自惜也，顧王業不得偏全於蜀都，故冒危難以奉先帝之遺意也，而議者謂為非計。今賊適疲於西，又務於東，兵法乘勞，此進趨之時也。謹陳其事如左：高帝明並日月，謀臣淵深，然涉險被創，危然後安。今陛下未及高帝，謀臣不如良、平，而欲以長計取勝，坐定天下，此臣之未解一也。劉繇、王朗各據州郡，論安言計，動引聖人，群疑滿腹，眾難塞胸，今歲不戰，明年不征，使孫策坐大，遂并江東，此臣之未解二也。曹操智計殊絕於人，其用兵也，髣髴孫、吳，然困於南陽，險於烏巢，危於祁連，偪於黎陽，幾敗北山，殆死潼關，然後偽定一時耳，況臣才弱，而欲以不危而定之，此臣之未解三也。曹操五攻昌霸不下，四越巢湖不成，任用李服而李服圖之，委夏侯而夏侯敗亡，先帝每稱操為能，猶有此失，況臣駑下，何能必勝？此臣之未解四也。自臣到漢中，中間朞年耳，然喪趙雲、陽群、馬玉、閻芝、丁立、白壽、劉郃、鄧銅等及曲長屯將七十餘人，突將無前。賨、叟、青羌散騎、武騎一千餘人，此皆數十年之內所糾合四方之精銳，非一州之所有，若復數年，則損三分之二也，當何以圖敵？此臣之未解五也。今民窮兵疲，而事不可息，事不可息，則住與行勞費正等，而不及今圖之，欲以一州之地與賊持久，此臣之未解六也。夫難平者，事也。昔先帝敗軍於楚，當此時，曹操拊手，謂天下以定。然後先帝東連吳、越，西取巴、蜀，舉兵北征，夏侯授首，此操之失計而漢事將成也。然後吳更違盟，關羽毀敗，秭歸蹉跌，曹丕稱帝。凡事如是，難可逆見。臣鞠躬盡力，死而後已，至於成敗利鈍，非臣之明所能逆覩也。」於是有散關之役。此表，亮集所無，出張儼默記。

冬，亮復出散關，圍陳倉，曹真拒之，亮糧盡而還。魏將王雙率騎追亮，亮與戰，破之，斬雙。七年，亮遣陳式攻武都、陰平。魏雍州刺史郭淮率眾欲擊式，亮自出至建威，淮退還，遂平二郡。詔策亮曰：「街亭之役，咎由馬謖，而君引愆，深自貶抑，重違君意，聽順所守。前年燿師，

馘斬王雙；今歲爰征，郭淮遁走；降集氐、羌，興復二郡，威鎮凶暴，功勳顯然。方今天下騷擾，元惡未梟，君受大任，幹國之重，而久自挹損，非所以光揚洪烈矣。今復君丞相，君其勿辭。」(一)

(一)漢晉春秋曰：是歲，孫權稱尊號，其群臣以並尊二帝來告。議者咸以為交之無益，而名體弗順，宜顯明正義，絕其盟好。亮曰：「權有僭逆之心久矣，國家所以略其釁情者，求掎角之援也。今若加顯絕，讎我必深，便當移兵東（戍）（伐），與之角力，須并其土，乃議中原。彼賢才尚多，將相緝穆，未可一朝定也。頓兵相持，坐而須老，使北賊得計，非算之上者。昔孝文卑辭匈奴，先帝優與吳盟，皆應權通變，弘思遠益，非匹夫之為分者也。今議者咸以權利在鼎足，不能并力，且志望以滿，無上岸之情，推此，皆似是而非也。何者？其智力不侔，故限江自保；權之不能越江，猶魏賊之不能渡漢，非力有餘而利不取也。若大軍致討，彼高當分裂其地以為後規，下當略民廣境，示武於內，非端坐者也。若就其不動而睦於我，我之北伐，無東顧之憂，河南之眾不得盡西，此之為利，亦已深矣。權僭之罪，未宜明也。」乃遣衛尉陳震慶權正號。

九年，亮復出祁山，以木牛運(一)，糧盡退軍，與魏將張郃交戰，射殺郃(二)。十二年春，亮悉大眾由斜谷出，以流馬運，據武功五丈原，與司馬宣王對於渭南。亮每患糧不繼，使己志不申，是以分兵屯田，為久駐之基。耕者雜於渭濱居民之間，而百姓安堵，軍無私焉(三)。相持百餘日。其年八

月，亮疾病，卒于軍，時年五十四㈣。及軍退，宣王案行其營壘處所，曰：「天下奇才也！」㈤

㈠漢晉春秋曰：亮圍祁山，招鮮卑軻比能，比能等至故北地石城以應亮。於是魏大司馬曹真有疾，司馬宣王自荊州入朝，魏明帝曰：「西方事重，非君莫可付者。」乃使西屯長安，督張郃、費曜、戴陵、郭淮等。宣王使曜、陵留精兵四千守上邽，餘眾悉出，西救祁山。郃欲分兵駐雍、郿，宣王曰：「料前軍能獨當之者，將軍言是也；若不能當而分為前後，此楚之三軍所以為黥布禽也。」遂進。亮分兵留攻，自逆宣王於上邽。郭淮、費曜等徼亮，亮破之，因大芟刈其麥，與宣王遇於上邽之東，斂兵依險，軍不得交，亮引而還。宣王尋亮至於鹵城。張郃曰：「彼遠來逆我，請戰不得，謂我利在不戰，欲以長計制之也。且祁山知大軍以在近，人情自固，可止屯於此，分為奇兵，示出其後，不宜進前而不敢偪，坐失民望也。今亮縣軍食少，亦行去矣。」宣王不從，故尋亮。既至，又登山掘營，不肯戰。賈栩、魏平數請戰，因曰：「公畏蜀如虎，奈天下笑何！」宣王病之。諸將咸請戰。五月辛巳，乃使張郃攻無當監何平於南圍，自案中道向亮。亮使魏延、高翔、吳班赴拒，大破之，獲甲首三千級，玄鎧五千領，角弩三千一百張，宣王還保營。

㈡郭沖五事曰：魏明帝自征蜀，幸長安，遣宣王督張郃諸軍，雍、涼勁卒三十餘萬，潛軍密進，規向劍閣。亮時在祁山，旌旗利器，守在險要，十二更下，在者八萬。時魏軍始陳，幡兵適交，參佐咸以賊眾彊盛，非力不制，宜權停下兵一月，以并聲勢。亮曰：「吾統武行師，以大信為本，得原失信，古

人所惜；去者束裝以待期，妻子鶴望而計日，雖臨征難，義所不廢。」皆催遣令去。於是去者感悅，願留一戰，住者憤踊，思致死命。相謂曰：「諸葛公之恩，死猶不報也。」臨戰之日，莫不拔刃爭先，以一當十，殺張郃，卻宣王，一戰大剋，此信之由也。難曰：臣松之案：亮前出祁山，魏明帝身至長安耳，此年不復自來。且亮大軍在關、隴，魏人何由得越亮徑向劍閣？亮既在戰場，本無久住之規，而方休兵還蜀，皆非經通之言。孫盛、習鑿齒搜求異同，罔有所遺，而並不載沖言，知其乖刺多矣。

(三) 漢晉春秋曰：亮自至，數挑戰。宣王亦表固請戰。使衛尉辛毗持節以制之。姜維謂亮曰：「辛佐治仗節而到，賊不復出矣。」亮曰：「彼本無戰情，所以固請戰者，以示武於其眾耳。將在軍，君命有所不受，苟能制吾，豈千里而請戰邪！」

魏氏春秋曰：亮使至，問其寢食及其事之煩簡，不問戎事。使對曰：「諸葛公夙興夜寐，罰二十以上，皆親擥焉；所啖食不至數升。」宣王曰：「亮將死矣。」

(四) 魏書曰：亮糧盡勢窮，憂恚歐血，一夕燒營遁走，入谷，道發病卒。

漢晉春秋曰：亮卒於郭氏塢。

晉陽秋曰：有星赤而芒角，自東北西南流，投于亮營，三投再還，往大還小。俄而亮卒。

臣松之以為亮在渭濱，魏人躡跡，勝負之形，未可測量，而云歐血，蓋因亮自亡而自誇大也。夫以孔明之略，豈為仲達歐血乎？及至劉琨喪師，與晉元帝箋亦云「亮軍敗歐血」，此則引虛記以為言也。

其云入谷而卒，緣蜀人入谷發喪故也。

㈤漢晉春秋曰：楊儀等整軍而出，百姓奔告宣王，宣王追焉。姜維令儀反旗鳴鼓，若將向宣王者，宣王乃退，不敢偪。於是儀結陳而去，入谷然後發喪。宣王之退也，百姓為之諺曰：「死諸葛走生仲達。」或以告宣王，宣王曰：「吾能料生，不便料死也。」

亮遺命葬漢中定軍山，因山為墳，冢足容棺，斂以時服，不須器物。詔策曰：「惟君體資文武，明叡篤誠，受遺託孤，匡輔朕躬，繼絕興微，志存靖亂；爰整六師，無歲不征，神武赫然，威鎮八荒，將建殊功於季漢，參伊、周之巨勳。如何不弔，事臨垂克，遘疾隕喪！朕用傷悼，肝心若裂。夫崇德序功，紀行命謚，所以光昭將來，刊載不朽。今使使持節左中郎將杜瓊，贈君丞相武鄉侯印綬，謚君為忠武侯。魂而有靈，嘉茲寵榮。嗚呼哀哉！嗚呼哀哉！」

初，亮自表後主曰：「成都有桑八百株，薄田十五頃，子弟衣食，自有餘饒。至於臣在外任，無別調度，隨身衣食，悉仰於官，不別治生，以長尺寸。若臣死之日，不使內有餘帛，外有贏財，以負陛下。」及卒，如其所言。

亮性長於巧思，損益連弩，木牛流馬，皆出其意；推演兵法，作八陳圖，咸得其要云㈠。亮言教書奏多可觀，別為一集。

㈠魏氏春秋曰：亮作八務、七戒、六恐、五懼，皆有條章，以訓厲臣子。又損益連弩，謂之元戎，以鐵為矢，矢長八寸，一弩十矢俱發。

亮集載作木牛流馬法曰：「木牛者，方腹曲頭，一腳四足，頭入領中，舌著於腹。載多而行少，宜可大用，不可小使；特行者數十里，群行者二十里也。曲者為牛頭，雙者為牛腳，橫者為牛領，轉者為牛足，覆者為牛背，方者為牛腹，垂者為牛舌，曲者為牛肋，刻者為牛齒，立者為牛角，細者為牛鞅，攝者為牛鞦軸。牛仰雙轅，人行六尺，牛行四步。載一歲糧，日行二十里，而人不大勞。流馬尺寸之數，肋長三尺五寸，廣三寸，厚二寸二分，左右同。前軸孔分墨去頭四寸，徑中二寸。前腳孔分墨二寸，去前軸孔四寸五分，廣一寸。前杠孔去前腳孔分墨二寸七分，孔長二寸，廣一寸。後軸孔去前杠分墨一尺五分，大小與前同。後腳孔分墨去後軸孔三寸五分，大小與前同。後杠孔去後腳孔分墨二寸七分，後載剋去後杠孔分墨四寸五分。前杠長一尺八寸，廣二寸，厚一寸五分。後杠與等版方囊二枚，厚八分，長二尺七寸，高一尺六寸五分，廣一尺六寸，每枚受米二斛三斗。從上杠孔去肋下七寸，前後同。上杠孔去下杠孔分墨一尺三寸，孔長一寸五分，廣七分，八孔同。前後四腳，廣二寸，厚一寸五分。形制如象，軒長四寸，徑面四寸三分。孔徑中三腳杠，長二尺一寸，廣一寸五分，厚一寸四分，同杠耳。」

景耀六年春，詔為亮立廟於沔陽㈠。秋，魏鎮西將軍鍾會征蜀，至漢川，祭亮之廟，令軍士不得於亮墓所左右芻牧樵採。亮弟均，官至長水校尉。亮子瞻，嗣爵(二)。

(一)襄陽記曰：亮初亡，所在各求為立廟，朝議以禮秩不聽，百姓遂因時節私祭之於道陌上。言事者或以為可聽立廟於成都者，後主不從。步兵校尉習隆、中書郎向充等共上表曰：「臣聞周人懷召伯之德，甘棠為之不伐；越王思范蠡之功，鑄金以存其像。自漢興以來，小善小德而圖形立廟者多矣。況亮德範遐邇，勳蓋季世，王室之不壞，實斯人是賴，而蒸嘗止於私門，廟像闕而莫立，使百姓巷祭，戎夷野祀，非所以存德念功，述追在昔者也。今若盡順民心，則瀆而無典，建之京師，又偪宗廟，此聖懷所以惟疑也。臣愚以為宜因近其墓，立之於沔陽，使所親屬以時賜祭，凡其臣故吏欲奉祠者，皆限至廟。斷其私祀，以崇正禮。」於是始從之。

(二)襄陽記曰：黃承彥者，高爽開列，為沔南名士，謂諸葛孔明曰：「聞君擇婦；身有醜女，黃頭黑色，而才堪相配。」孔明許，即載送之。時人以為笑樂，鄉里為之諺曰：「莫作孔明擇婦，止得阿承醜女。」

臣壽等言：臣前在著作郎，侍中領中書監濟北侯臣荀勖、中書令關內侯臣和嶠奏，使臣定故蜀丞相諸葛亮故事。亮毗佐危國，負阻不賓，然猶存錄其言，恥善有遺，誠是大晉光明至德，澤被無疆，自古以來，未之有倫也。輒刪除複重，隨類相從，凡為二十四篇，篇名如右（編按：省略未刊載）。

亮少有逸群之才，英霸之器，身長八尺，容貌甚偉，時人異焉。遭漢末擾亂，隨叔父玄避難荊州，躬耕於野，不求聞達。時左將軍劉備以亮有殊量，乃三顧亮於草廬之中；亮深謂備雄姿傑出，遂解帶寫誠，厚相結納。及魏武帝南征荊州，劉琮舉州委質，而備失勢眾寡，無立錐之地。亮時年二十七，乃建奇策，身使孫權，求援吳會。權既宿服仰備，又睹亮奇雅，甚敬重之，即遣兵三萬人以助備。備得用與武帝交戰，大破其軍，乘勝克捷，江南悉平。後備又西取益州。益州既定，以亮為軍師將軍。備稱尊號，拜亮為丞相，錄尚書事。及備殂沒，嗣子幼弱，事無巨細，亮皆專之。於是外連東吳，內平南越，立法施度，整理戎旅，工械技巧，物究其極，科教嚴明，賞罰必信，無惡不懲，無善不顯，至於吏不容奸，人懷自厲，道不拾遺，彊不侵弱，風化肅然也。

當此之時，亮之素志，進欲龍驤虎視，包括四海，退欲跨陵邊疆，震蕩宇內。又自以為無身之日，則未有能蹈涉中原、抗衡上國者，是以用兵不戢，屢耀其武。然亮才，於治戎為長，奇謀為短，理民之幹，優於將略。而所與對敵，或值人傑，加眾寡不侔，攻守異體，故雖連年動眾，未能有克。昔蕭何薦韓信，管仲舉王子城父，皆忖己之長，未能兼有故也。亮之器能政理，抑亦管、蕭之亞匹也，而時之名將無城父、韓信，故使功業陵遲，大義不及邪？蓋天命有歸，不可以智力爭也。

青龍二年春，亮帥眾出武功，分兵屯田，為久駐之基。其秋病卒，黎庶追思，以為口實。至今梁、益之民，咨述亮者，言猶在耳，雖甘棠之詠召公，鄭人之歌子產，無以遠譬也。孟軻有云：

「以逸道使民，雖勞不怨；以生道殺人，雖死不忿。」信矣！論者或怪亮文采不豔，而過於丁寧周至。臣愚以為咎繇大賢也，周公聖人也，考之尚書，咎繇之謨略而雅，周公之誥煩而悉。何則？咎繇與舜、禹共談，周公與群下矢誓故也。亮所與言，盡眾人凡士，故其文指不得及遠也。然其聲教遺言，皆經事綜物，公誠之心，形於文墨，足以知其人之意理，而有補於當世。

伏惟陛下邁蹤古聖，蕩然無忌，故雖敵國誹謗之言，咸肆其辭而無所革諱，所以明大通之道也。謹錄寫上詣著作。臣壽誠惶誠恐，頓首頓首，死罪死罪。泰始十年二月一日癸巳，平陽侯相臣陳壽上。

喬字伯松，亮兄瑾之第二子也，本字仲慎。與兄元遜俱有名於時，論者以為喬才不及兄，而性業過之。初，亮未有子，求喬為嗣，瑾啟孫權遣喬來西，亮以喬為己適子，故易其字焉。拜為駙馬都尉，隨亮至漢中(一)。年二十五，建興元年卒。子攀，官至行護軍翊武將軍，亦早卒。諸葛恪見誅於吳，子孫皆盡，而亮自有胄裔，故攀還復為瑾後。

(一)亮與兄瑾書曰：「喬本當還成都，今諸將子弟皆得傳運，思惟宜同榮辱。今使喬督五六百兵，與諸子弟傳於谷中。」書在亮集。

瞻字思遠。建興十二年，亮出武功，與兄瑾書曰：「瞻今已八歲，聰慧可愛，嫌其早成，恐不

為重器耳。」年十七，尚公主，拜騎都尉。其明年為羽林中郎將，屢遷射聲校尉、侍中、尚書僕射，加軍師將軍。瞻工書畫，強識念，蜀人追思亮，咸愛其才敏。每朝廷有一善政佳事，雖非瞻所建倡，百姓皆傳相告曰：「葛侯之所為也。」是以美聲溢譽，有過其實。景耀四年，為行都護衛將軍，與輔國大將軍南鄉侯董厥並平尚書事。六年冬，魏征西將軍鄧艾伐蜀，自陰平由景谷道旁入。瞻督諸軍至涪停住，前鋒破，退還，住綿竹。艾遣書誘瞻曰：「若降者必表為琅邪王。」瞻怒，斬艾使。遂戰，大敗，臨陣死，時年三十七。眾皆離散，艾長驅至成都。瞻長子尚，與瞻俱沒(一)。次子京及攀子顯等，咸熙元年內移河東(二)。

(一)干寶曰：瞻雖智不足以扶危，勇不足以拒敵，而能外不負國，內不改父之志，忠孝存焉。華陽國志曰：尚歎曰：「父子荷國重恩，不早斬黃皓，以致傾敗，用生何為！」乃馳赴魏軍而死。

(二)案諸葛氏譜云：京字行宗。晉泰始起居注載詔曰：「諸葛亮在蜀，盡其心力，其子瞻臨難而死義，天下之善一也。」其孫京，隨才署吏，後為郿令。尚書僕射山濤啟事曰：「郿令諸葛京，祖父亮，遇漢亂分隔，父子在蜀，雖不達天命，要為盡心所事。京治郿自復有稱，臣以為宜以補東宮舍人，以明事人之理，副梁、益之論。」京位至江州刺史。

董厥者，丞相亮時為府令史，亮稱之曰：「董令史，良士也。吾每與之言，思慎宜適。」徙為主簿。亮卒後，稍遷至尚書僕射，代陳祗為尚書令，遷大將軍，平臺事，而義陽樊建代焉㈠。延熙二十四年，以校尉使吳，值孫權病篤，不自見建。權問諸葛恪曰：「樊建何如宗預也？」恪對曰：「才識不及預，而雅性過之。」後為侍中，守尚書令。自瞻、厥、建統事，姜維常征伐在外，宦人黃皓竊弄機柄，咸共將護，無能匡矯㈡，然建特不與皓和好往來。蜀破之明年春，厥、建俱詣京都，同為相國參軍，其秋並兼散騎常侍，使蜀慰勞㈢。

㈠案晉百官表：董厥字龔襲，亦義陽人。建字長元。

㈡孫盛異同記曰：瞻、厥等以維好戰無功，國內疲弊，宜表後主，召還為益州刺史，奪其兵權；蜀長老猶有瞻表以閻宇代維故事。晉永和三年，蜀史常璩說蜀長老云：「陳壽嘗為瞻吏，為瞻所辱，故因此事歸惡黃皓，而云瞻不能匡矯也。」

㈢漢晉春秋曰：樊建為給事中，晉武帝問諸葛亮之治國，建對曰：「聞惡必改，而不矜過，賞罰之信，足感神明。」帝曰：「善哉！使我得此人以自輔，豈有今日之勞乎！」建稽首曰：「臣竊聞天下之論，皆謂鄧艾見枉，陛下知而不理，此豈馮唐之所謂『雖得頗、牧而不能用』者乎！」帝笑曰：「吾方欲明之，卿言起我意。」於是發詔治艾焉。

評曰：諸葛亮之為相國也，撫百姓，示儀軌，約官職，從權制，開誠心，布公道；盡忠益時者雖讎必賞，犯法怠慢者雖親必罰，服罪輸情者雖重必釋，游辭巧飾者雖輕必戮；善無微而不賞，惡無纖而不貶；庶事精練，物理其本，循名責實，虛偽不齒；終於邦域之內，咸畏而愛之，刑政雖峻而無怨者，以其用心平而勸戒明也。可謂識治之良才，管、蕭之亞匹矣。然連年動眾，未能成功，蓋應變將略，非其所長歟㈠！

㈠袁子曰：或問諸葛亮何如人也，袁子曰：張飛、關羽與劉備俱起，爪牙腹心之臣，而武人也。晚得諸葛亮，因以為佐相，而群臣悅服，劉備足信、亮足重故也。及其受六尺之孤，攝一國之政，事凡庸之君，專權而不失禮，行君事而國人不疑，如此即以為君臣百姓之心欣戴之矣。行法嚴而國人悅服，用民盡其力而下不怨。及其兵出入如賓，行不寇，芻蕘者不獵，如在國中。其用兵也，止如山，進退如風，兵出之日，天下震動，而人心不憂。亮死至今數十年，國人歌思，如周人之思召公也，孔子曰「雍也可使南面」，諸葛亮有焉。又問諸葛亮始出隴右，南安、天水、安定三郡人反應之，若亮速進，則三郡非中國之有也，而亮徐行不進；既而官兵上隴，三郡復，亮無尺寸之功，失此機，何也？袁子曰：蜀兵輕銳，良將少，亮始出，未知中國彊弱，是以疑而嘗之；且大會者不求近功，所以不進也。曰：何以知其疑也？袁子曰：初出遲重，屯營重複，後轉降未進兵欲戰，亮勇而能鬥，三郡反而不速應，此其疑徵也。曰：何以知其勇而能鬥也？袁子曰：亮之在街亭也，前軍大破，亮屯去數里，不救；官兵相接，又徐行，此其勇也。亮之行軍，安靜而堅重；安靜則易動，堅重則可以進退。亮法令明，賞罰信，士卒用命，赴險而不顧，此所以能鬥也。曰：亮率數萬之眾，其所興造，若數十萬之功，是其奇者也。所至營壘、井竈、圊溷、藩籬、障塞皆應繩墨，一月之行，去之如始至，勞費而徒為飾好，何也？袁子曰：蜀人輕脫，亮故堅用之。曰：何以知其然也？袁子曰：亮治實而不治名，志大而所欲遠，非求近速者也。曰：亮好治官府、次舍、橋梁、道路，此非急務，何也？袁子曰：小國賢才少，故欲其尊嚴也。亮之治蜀，田疇辟，倉廩實，器械利，蓄積饒，朝會不華，路無醉人。夫本立故末治，有餘力而後及小事，此所以勸其功也。曰：子之論諸葛亮，則有證也。以亮之才而少其功，何也？袁子曰：亮，持本者也，其於應變，則非所長也，故不敢用其短。曰：然則吾子美之，何也？袁子曰：此固賢者之遠矣，安可以備體責也。夫能知所短而不用，此賢者之大也；知所短則知所長矣。夫前識與言而不中，亮之所不用也，此吾之所謂可也。

吳大鴻臚張儼作默記，其述佐篇論亮與司馬宣王書曰：漢朝傾覆，天下崩壞，豪傑之士，競希神器。魏氏跨中土，劉氏據益州，並稱兵海內，為世霸主。諸葛、司馬二相，遭值際會，託身明主，或收功於蜀漢，或冊名於伊、洛。丕、備既沒，後嗣繼統，各受保阿之任，輔翼幼主，不負然諾之誠，亦一國之宗臣，霸王之賢佐也。歷前世以觀近事，二相優劣，可得而詳也。孔明起巴、蜀之地，蹈一州之土，方之大國，其戰士人民，蓋有九分之一也，而以貢贄大吳，抗對北敵，至使耕戰有伍，刑法整齊，提步卒數萬，長驅祁山，慨然有飲馬河、洛之志。仲達據天下十倍之地，仗兼并之眾，據牢城，

擁精銳，無禽敵之意，務自保全而已，使彼孔明自來自去。若此人不亡，終其志意，連年運思，刻日興謀，則涼、雍不解甲，中國不釋鞍，勝負之勢，亦已決矣。昔子產治鄭，諸侯不敢加兵，蜀相其近之矣。方之司馬，不亦優乎！或曰，兵者凶器，戰者危事也，有國者不務保安境內，綏靜百姓，而好開闢土地，征伐天下，未為得計也。諸葛丞相誠有匡佐之才，然處孤絕之地，戰士不滿五萬，自可閉關守險，君臣無事。空勞師旅，無歲不征，未能進咫尺之地，開帝王之基，而使國內受其荒殘，西土苦其役調。魏司馬懿才用兵眾，未易可輕，量敵而進，兵家所慎；若丞相必有以策之，則未見坦然之勳，若無策以裁之，則非明哲之謂，海內歸向之意也，余竊疑焉，請聞其說。答曰：蓋聞湯以七十里、文王以百里之地而有天下，皆用征伐而定之。揖讓而登王位者，惟舜、禹而已。今蜀、魏為敵戰之國，勢不俱王，自操、備時，強弱縣殊，而備猶出兵陽平，禽夏侯淵。羽圍襄陽，將降曹仁，生獲于禁，當時北邊大小憂懼，孟德身出南陽，樂進、徐晃等為救，圍不即解，故蔣子通言彼時有徙許渡河之計，會國家襲取南郡，羽乃解軍。玄德與操，智力多少，士眾眾寡，用兵行軍之道，不可同年而語，猶能暫以取勝，是時又無大吳掎角之勢也。今仲達之才，減於孔明，當時之勢，異於曩日，玄德尚與抗衡，孔明何以不可出軍而圖敵邪？昔樂毅以弱燕之眾，兼從五國之兵，長驅強齊，下七十餘城。今蜀漢之卒，不少燕軍，君臣之接，信於樂毅，加以國家為脣齒之援，東西相應，首尾如蛇，形勢重大，不比於五國之兵也，何憚於彼而不可哉？夫兵以奇勝，制敵以智，土地廣狹，人馬多少，未可偏恃也。余觀彼治國之體，當時既肅整，遺教在後，及其辭意懇切，陳進取之圖，忠謀謇謇，義形於主，雖古之管、晏，何以加之乎？

蜀記曰：晉永興中，鎮南將軍劉弘至隆中，觀亮故宅，立碣表閭，命太傅掾犍為李興為文曰：「天子命我，于沔之陽，聽鼓鼙而永思，庶先哲之遺光，登隆山以遠望，軾諸葛之故鄉。蓋神物應機，大器無方，通人靡滯，大德不常。故谷風發而騶虞嘯，雲雷升而潛鱗驤；摯解褐於三聘，尼得招而褰裳，管豹變於受命，貢感激以回莊，異徐生之摘寶，釋臥龍於深藏，偉劉氏之傾蓋，嘉吾子之周行。夫有知己之主，則有竭命之良，固所以三分我漢鼎，跨帶我邊荒，抗衡我北面，馳騁我魏疆者也。英哉吾子，獨含天靈。豈神之祇，豈人之精？何思之深，何德之清！異世通夢，恨不同生。推子八陣，不在孫、吳，木牛之奇，則非般模，神弩之功，一何微妙！千井齊甃，又何祕要！昔在顛、夭，有名無迹，孰若吾儕，良籌妙畫？臧文既沒，以言見稱，又未若子，言行並徵。夷吾反坫，樂毅不終，奚比於爾，明哲守沖。臨終受寄，讓過許由，負扆蒞事，民言不流。刑中於鄭，教美於魯，蜀民知恥，河、渭安堵。匪皋則伊，甯彼管、晏，豈徒聖宣，慷慨屢歎！昔爾之隱，卜惟此宅，仁智所處，能無規廓。日居月諸，時殞其夕，誰能不歿，貴有遺格。惟子之勳，移風來世，詠歌餘典，懦夫將厲。遐哉邈矣，厥規卓矣，凡若吾子，難可究已。疇昔之乖，萬里殊塗；今我來思，覿爾故墟。漢高歸魂於豐、沛，太公五世而反周，想罔兩以彷彿，冀影響之有餘。魂而有靈，豈其識諸！」

王隱晉書云：李興，密之子；一名安。

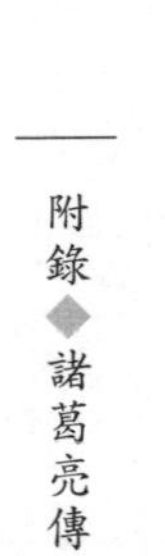

後記

很小的時候，知道有一種燈叫做孔明燈，是可以飛上天空的，特別神奇。大人告訴我說是諸葛亮發明的。後來從書上又知道了「借東風」、「空城計」、「草船借箭」、「火燒藤甲兵」等等故事，都是關於諸葛亮的。在我的內心深處一直感覺這是一位神人，他永遠穿著八卦仙衣，手裡拿著羽毛扇，表情永遠不慍不火，似笑非笑，揮一揮手就可以令風雲變色。

很清楚地記得，「百家講壇」的李鋒老師是在二〇〇九年初冬的時候找到我的。那一天我剛下課，正在北郵宏福校區空空蕩蕩的操場上行走，風吹著乾枯的樹葉，草間還有殘雪。我通過手機和李老師商討了很多選題的方案，比如水滸、隋唐、東漢。但是那次沒有想到諸葛亮。

第一次拍小片是在北郵南門的茶館裡。那天喝的是普洱茶，我講的是「穆桂英大破天門陣」。講得很投入，口乾舌燥的，放涼了的普洱茶喝在嘴裡苦苦的，還是沒有想到諸葛亮。

真正實拍是二〇〇九年冬天的一個傍晚，第一次站在「百家講壇」的錄製現場，特別喜歡那個藍色的背景，一口氣非常嫻熟地把自己準備的內容（講的是「隋文帝楊堅」）都講完了，心裡很滿足。記得拍完片子出來，已經是華燈初上，地上鋪著厚厚的積雪。我裹緊了圍巾在雪中深一腳淺一腳地走著。頭腦中唯一的念頭就是趕緊回去喝點熱水睡上一覺。那時候，依舊沒有想到會講諸葛亮。

為什麼沒想到講諸葛亮呢？有三個原因。首先是太敬畏這個題目了。有種「井蛙不敢講海，夏蟲不敢語冰」的感覺，怕自己駕馭不好，怕自己辜負了這個題目。

其次是人們太熟悉三國了，太喜歡三國了。舉目望去，寫三國的書如群山連綿，講三國的老師如群星閃耀。其中，有說評書的袁闊成老師、單田芳老師、連麗如老師，有講歷史的易中天老師。他們已經把三國說絕了，講透了。在這個領域中，自己很難再有新的突破。

第三，也是最重要的，諸葛亮這個題材本身包含著一個巨大的矛盾衝突。《三國演義》中有一位諸葛亮，《三國志》中又有一位諸葛亮。而且兩個諸葛亮是存在較大反差的。兩個諸葛亮，到底講哪個？在《三國演義》和《三國志》之間，到底如何取捨？真實的不讓人相信，人們相信的又不真實。太難了。

講《三國演義》中的諸葛亮吧，人物故事倒是能和老百姓的認知、大眾的傳播接軌，但是演義是小說，是虛構的。根據小說講歷史人物，這種做法一不嚴肅，二不科學，三還會貽笑大方。

講《三國志》中的諸葛亮吧，倒是嚴謹真實，有歷史根據，但是又離大眾的期待、老百姓的認同比較遠，降低了吸引力，弄不好還會得罪觀眾，讓人民群眾不開心，那結果要比讓專家不開心更

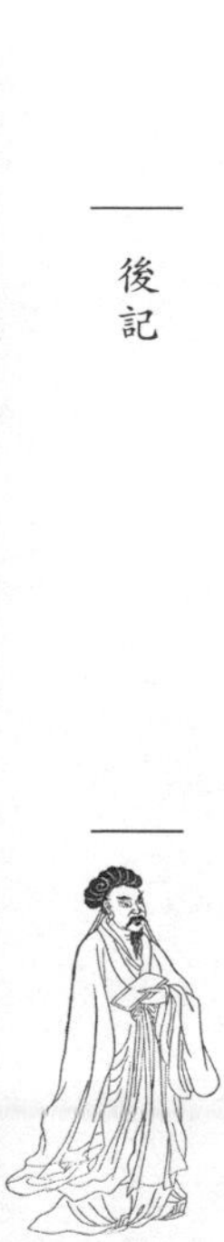

慘。

由於存在以上三座「大山」，所以，我壓根就沒往講諸葛亮那方面去想。庚寅年（二〇一〇）春節過後，講諸葛亮的想法才真正擺上桌面。真的要感謝「百家講壇」的製片、編導諸位老師對我的信任和指點，經過若干次交流協商、頭腦風暴之後，我終於樹立了「明知山有虎，偏向虎山行」的決心。

電視講述不同於寫書，必須要熟練熟練再熟練。只有在充分準備的基礎上，才有可能自如發揮。最關鍵的是合理分配注意力，一部分在內容上，一部分在講述的表現形式上（也就是身體語言），還有一部分要分給現場（如觀眾、編導等因素）。我個人覺得，電視講座，按照六：三：一這樣的比例分配注意力是比較好的。六分注意內容，三分注意形式，一分注意現場反饋。

如果內容十分熟練，那麼注意力分配就會比較均衡。如果內容只是較為熟練，那麼，這個比例就要打折扣，可能就會把更多的注意力放在內容上，表現形式和現場效果都會照顧不到。這樣做出來的東西，瑕疵就會比較多。電視媒體講座是近距離、放大甚至有點誇張的講座，必須保證有四成的注意力放在身體語言表現和現場效果上。這樣節目播出來效果才好。

這也是我堅持過度準備，熟悉再熟悉，熟練再熟練的原因所在。

我的具體方法是「數豆法」。在一個小茶杯裡放一把黃豆，講一遍，拿一顆出來，再講一遍，再拿一顆出來。直到把豆子拿空了，才算準備成熟。（後來這些千錘百鍊的黃豆，在講座結束以後被我種在花盆裡，它們居然長勢喜人，開出了淡紫和潔白的花，還結了新的黃豆！）

在講前四講的時候，我基本達到了自己的熟練標準。但是其他講就很遺憾，沒有達到這個標準。出差、講課、考試、判作業、指導論文、準備PPT，各種各樣的雜事一個接一個。以至於第六講和第七講只能是在從新疆到河南的出差路上、在酒店裡通宵準備出來。到後來，自己本來平穩的心變得非常焦慮，並且特別喜歡後半夜。因為後半夜所有的人都睡了，沒有人來找，也不用惦記那些該做而沒做的事情，這樣自己就可以安心準備了！不過問題就是過了半夜兩點，睏倦如同潮水一般排山倒海地撲過來，怎麼抑制也抑制不住。有時候對著電腦一瞬間就睡著了。有時候很盼著自己失眠，可是偏偏一閉上眼睛就睡著，睡得又快又香。這個也挺受打擊的。

這樣就造成了一個遺憾，後幾講的表現不如前邊的充分。

語言的準備就像是揉麵做饅頭，只有揉得夠了遍數，麵才光滑勁道有嚼勁兒。我最後那幾個「饅頭」，揉得遍數差了幾遍。這個帶來的直接結果將來大家在電視上能看到，儘管也很熟練，講得也很流暢，但是，在表現力和現場控制上，沒有留出足夠多的注意力，導致整個呈現方式上顯得有點「躁」，表情和語氣有很多不到位或者過火的地方。

《管理達人諸葛亮教你打造金飯碗》從開始準備選題到拍攝製作完成，整個過程橫跨了二〇一〇年。現在回想起這段艱苦的時光，依舊能清晰地感覺到當時的痛苦和糾結。

不過此時此刻，寫後記的我正坐在一個朝南的沙發上，日曆已經翻到了二〇一〇年的最後一天，我的眼前藍天如洗，陽光純淨，玻璃杯裡菊花茶的熱氣在陽光裡裊裊升騰，牽著我的思緒飛揚飄蕩。

真的，內心深處有一種登上山頭以後，回看來時崎嶇山路的快感。緊張之後的輕鬆才是真正的輕鬆！「百家講壇」錄製現場旁邊的大廈叫「中土大廈」——總覺得和「東土大唐」有某種聯繫，希望我這次也算是經歷九九八十一難，修成正果吧！

過去的二〇一〇年，真的是難忘的一年！我會一直記住它。

趙玉平

歷史大講堂

管理達人諸葛亮教你打造金飯碗

2012年3月初版　　定價：新臺幣280元

著者	趙玉平		
發行人	林載爵		
出版者	聯經出版事業股份有限公司	叢書主編	簡美玉
地址	台北市基隆路一段180號4樓	校對	吳淑芳
編輯部地址	台北市基隆路一段180號4樓		陳龍貴
叢書主編電話	(02)87876242轉211	內文排版	翁國鈞
台北聯經書房	：台北市新生南路三段94號	封面設計	江宜蔚
電話	：(02)23620308		
台中分公司	：台中市健行路321號		
暨門市電話	：(04)22371234ext.5		
郵政劃撥帳戶第	0100559-3號		
郵撥電話	：(02)23620308		
印刷者	文聯彩色製版印刷有限公司		
總經銷	聯合發行股份有限公司		
發行所	：台北縣新店市寶橋路235巷6弄6號2樓		
電話	：(02)29178022		

行政院新聞局出版事業登記證局版臺業字第0130號

本書如有缺頁，破損，倒裝請寄回聯經書房更換。　　ISBN 978-957-08-3960-9 (平裝)
聯經網址：www.linkingbooks.com.tw
電子信箱：linking@udngroup.com

國家圖書館出版品預行編目資料

管理達人諸葛亮教你打造金飯碗/
趙玉平著．初版．臺北市．聯經．2012年3月
（民101年）．264面．14.8×21公分
（歷史大講堂）
ISBN 978-957-08-3960-9（平裝）

1.（三國）諸葛亮 2.學術思想 3.企業管理
4.謀略

494 101001636